Olaf und Ulrike Medenbach

Mineralien

Erkennen & bestimmen

Herausgegeben von Gunter Steinbach
Illustriert vom Autor

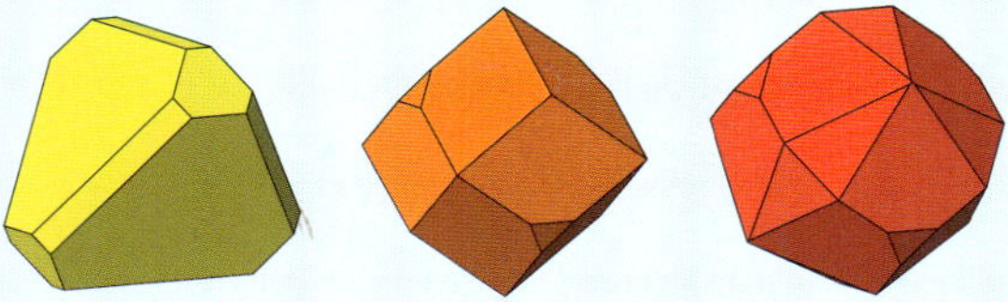

Mosaik

Inhalt

Bild linke Seite: Der polierte Opal ist ein geschätzter Edelstein.

Zum Buch

Im Gegensatz zur belebten Natur kennt man im Mineralreich nur eine sehr begrenzte Zahl von Arten, die aber in einer überwältigenden Variationsbreite auftreten können. Die Gänseblümchen einer Wiese etwa weisen trotz individueller Unterschiede alle dieselben Merkmale ihrer Blätter und Blüten auf. Bei dem Mineral Calcit dagegen kennt man viele hundert verschiedene Flächenformen in Tausenden von Variationen und allen nur irgend denkbaren Farbtönen. Daher kann eine wissenschaftlich exakte Bestimmung (Diagnose) oft nur durch komplizierte und aufwändige physikalisch-chemische Untersuchungen von Fachleuten geleistet werden.

Glücklicherweise ist es trotzdem möglich, eine Reihe der häufigsten und wichtigsten Mineralien durch einfachere Methoden nach den so genannten »äußeren Kennzeichen« zu bestimmen, was allerdings Erfahrung und Übung voraussetzt. Dieses Buch soll Anfänger und Fortgeschrittene dazu anleiten.

Im Hauptteil sind – im Gegensatz zu den meisten anderen Bestimmungswerken – die Mineralien nach der mineralogisch-wissenschaftlichen Klassifikation angeordnet. Dies erleichtert dem interessierten Leser ein tieferes Verständnis der Materie. Der anschließende tabellarische Teil erlaubt die Diagnose der wichtigsten und häufigsten Arten in einem einfachen Bestimmungsgang nach augenfälligen physikalischen Eigenschaften:

1. der Glanz mit eindeutiger Zuordnung in metallisch glänzend und nichtmetallisch glänzend. Die nichtmetallisch glänzenden Mineralien werden 2. in solche mit farbigem und solche mit farblosem Strich unterteilt, der beim Zerreiben auf einem weißen Porzellan-Scherben entsteht. Innerhalb dieser drei Gruppen wird 3. noch nach Farbe bzw. steigender Ritzhärte untergliedert.

Realkristall und Idealkristall am Beispiel eines Granats aus Pakistan (Größe 15 mm) und der idealisierten Kristallzeichnung. Auf der Ausfalttafel am Ende dieses Bands sind für die Bestimmung eines Minerals hilfreiche gestaltliche (morphologische) Eigenschaften der Kristalle dargestellt.

Besonders wohlausgebildete Kristalle sind begehrte Sammelobjekte. Symmetrie und Kristallformen bilden für die Bewertung wichtige diagnostische Hilfsmittel. Die Form der Symbole am Anfang jeder Artbeschreibung gibt die Kristallsymmetrie des Minerals an, die Farbe entspricht der Farbe des Strichs bei nichtmetallisch glänzenden und der Eigenfarbe bei metallisch glänzenden Mineralien, die Zahlen innerhalb des Symbols bedeuten die Härte. Die in den Text eingefügten farbigen Grafiken zeigen häufige und typische Kristallformen und Farbvariationen der jeweiligen Mineralart.

Was ist Mineralogie?

Als Mineralien bezeichnet man die natürlichen, d.h. ohne Zutun des Menschen entstandenen Festkörper, welche die Erde und alle anderen Himmelskörper aufbauen. Die Mineralogie ist die Naturwissenschaft, die sich mit der Erforschung der Eigenschaften und dem Werden und Vergehen der Mineralien, aber auch der synthetischen Kristalle beschäftigt.

Mineralien dienten schon den Naturvölkern als unentbehrliche Werkzeuge, als Schmuckstücke und zu Heilzwecken. Das Wort Mineral leitet sich vom lateinischen *minare*, Bergbau betreiben, ab, es zeigt die enge historische Verwandtschaft zwischen der Bergbaukunde und der Beschäftigung mit dem gewonnenen Berggut, dem Mineral, auf.

Die Wurzeln gezielten Bergbaus auf Mineralien reichen bis in die frühe Steinzeit zurück; der Beginn der wissenschaftlichen Beschäftigung mit dem Mineral, die aus Neugier an dem Wesen dieser glänzenden und ebenmäßigen Kristalle geboren ist, lässt sich nicht genau datieren. Sicher ist jedenfalls, dass die Mineralogie die älteste Naturwissenschaft ist, viel älter noch als die Alchemie und Chemie, die aus ihr hervorgegangen sind.

Die Bedeutung der Mineralien für die Menschheit ist unschätzbar. Als Rohstoffe für Erze und Baumaterialien, für Glas, Keramik, ja für die anorganische Chemie überhaupt bilden die Mineralien die Grundlage der technisierten Zivilisation. Mehr noch, ohne sie wäre die Entstehung und die Erhaltung von Leben unmöglich, da sowohl die Grundbausteine des Körpers als auch die wichtigen Spurenelemente den Mineralien entstammen. Und doch sind diese Stoffe in ihrem Wesen den meisten Menschen viel weniger vertraut als selbst exotische Erscheinungen der belebten Welt.

Innerhalb der Mineralogie unterscheidet man zwei Teilgebiete, die Petrologie (d.h. Gesteinskunde) sowie die Kristallographie (Kristallkunde).

Petrologie

Der Name leitet sich von dem griechischen Wort *petros,* Gestein, ab. Dies sind Mineralaggregate, die in großen, felsartigen Massen auftreten. Sie werden durch mannigfaltige geologische Prozesse gebildet oder zerstört. In enger Zusammenarbeit mit den naturwissenschaftlichen Nachbardisziplinen Geologie und Geophysik befasst sich die Mineralogie mit der Erforschung dieser Prozesse. Während die Geologen und Geophysiker großräumige Abläufe wie Gebirgsentstehung und Großbewegungen in der Erdkruste untersuchen, wenden sich die Mineralogen sowohl dem Gestein wie auch

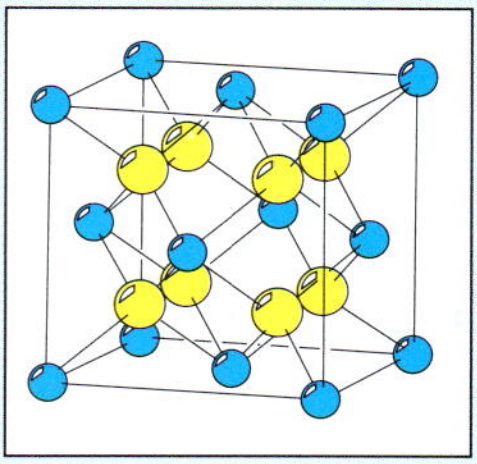

Untersuchungsobjekte der Mineralogen: Gestein, Mineral und Kristallstruktur

den einzelnen Mineralien zu, die als kleinste Bauteilchen die Eigenschaften der Gesteine bestimmen.

Kristallographie

Der Ursprung des Worts liegt in der griechischen Bezeichnung *crystallos* für Bergkristall, die glasklare, farblose Varietät des Quarzes. Die Kristallographen untersuchen den kristallinen Zustand der Materie.

Kristalle sind in ihrem Inneren hochgeordnete Gebilde aus einzelnen chemischen Bauteilen, den Atomen, Ionen oder Molekülen. Diese Bausteine haben einen festen Platz. Ihre räumliche Anordnung nennt man das Kristallgitter. Der kristalline Zustand ist der normale Zustand aller Festkörper. Nicht nur unsere Erde ist nahezu vollständig aus einzelnen Kristallen aufgebaut, sondern auch die ganze Vielfalt der technischen Produkte wie die Metalle und Legierungen, die anorganischen und viele organisch-chemischen Verbindungen, ja sogar eine Reihe von biologischen Objekten wie Skelette und Zähne oder Schalensubstanzen. Kristalle zeichnen sich durch gleiche chemische und physikalische Eigenschaften innerhalb ihres Kristallgitters aus.

Die Fragestellungen der modernen Mineralogie greifen heute aber noch viel weiter. In Zusammenarbeit mit Chemikern, Physikern und Medizinern verfolgt man auch grenzüberschreitende Probleme wie zum Beispiel die Bio-Mineralisation, die sich in so unangenehmen Erscheinungen wie Nierensteinen, Blasensteinen oder anderen Ablagerungen äußert.

Eigenschaften der Mineralien

Morphologie

Kristalle sind allgegenwärtig, aber nur eine verschwindend kleine Zahl war durch besondere Bildungsbedingungen, z.B. Wachstum in einem Hohlraum, in der Lage, ihre eigene (idiomorphe) Gestalt auszubilden. Gerade diese Kristalle sind besonders begehrte Sammelobjekte und ihre Kristallform ist ein hervorragendes Erkennungszeichen.

Die Einordnung in die sieben Kristallsysteme (⇨Ausfalttafel) ist nur bei ideal ausgebildeten Kristallen unproblematisch. Oft sind die Flächen verzerrt und nur genaue Winkelmessungen mit sog. Goniometern können weiterhelfen, eine Untersuchungsmethode, der in der klassischen Mineralogie große Bedeutung zukam. Bei der Morphologie unterscheidet man zwei wichtige Begriffe: die Tracht, das ist die Gesamtheit der verschiedenen Flächenformen, und den Habitus, der die relative Größe der einzelnen Flächenformen zueinander bezeichnet.

Aggregatformen

Auch wenn keine erkennbaren und messbaren Kristallformen vorhanden sind, neigen viele Kristalle zu typischen Formen und Verwachsungen, den so genannten Kristallaggregaten. Diese sind durch beschreibende Namen eindeutig gekennzeichnet, wie zum Beispiel nadelig, faserig, erdig, moosartig, nierig-traubig oder skelettförmig. Auf der Ausfalttafel findet sich eine Auswahl der häufigsten Aggregatformen.

Glanz

Eine der wichtigsten, zu diagnostischen Zwecken hervorragend geeignete Eigenschaft der Kristalle ist ihr Glanz. Auch in kleinsten Körnern im Gestein gelingt es selbst Ungeübten schnell, metallisch glänzende Mineralien von nichtmetallisch glänzenden zu unterscheiden. Daher wird dieses Kriterium traditionsgemäß zur groben Einteilung aller Bestimmungsschlüssel benutzt. Die metallisch glänzenden

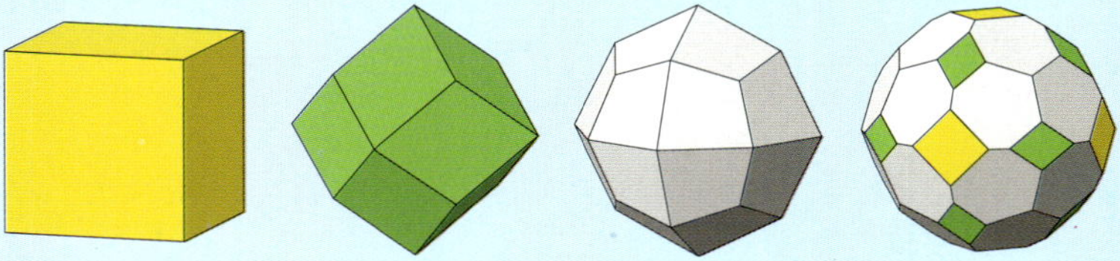

Verschiedene Trachten, gleicher Habitus: Würfel, Zwölfflächner (Dodekaeder), Vierundzwanzigflächner (Ikositetraeder) und Kombination der Flächenformen.

Mineralien sind völlig opak, d.h. undurchlässig für Licht, und ihre Kristallflächen spiegeln oft sehr stark. Die nichtmetallischen sind transparent, d.h. lichtdurchlässig. In der Qualität ihres Glanzes unterscheidet man z.B. Glasglanz, Diamantglanz und Fettglanz. Der Glanz einiger Mineralien ist so hoch, dass sie trotz Transparenz nahezu metallischen Charakter haben, man spricht dann von halbmetallischem Glanz.

Härte

Eine weitere, mit ein wenig Erfahrung sehr gut bestimmbare Materialeigenschaft ist die Ritzhärte, die daher nach dem Glanz und der Farbe ein weiteres Bestimmungskriterium ist. Für die Härtebestimmung ritzt man, jeweils wechselweise, die unbekannte Probe und 10 genau definierte Mineralien (➪Ausfalttafel). Bei einiger Übung und der Verwendung frischer Kristalle gelingt in der Regel die Einordnung des unbekannten Minerals in die Härteskala der bekannten ohne weiteres. Für feines Arbeiten sind kleine, bleistiftartig gefasste Proben von Ritzmineralien im Handel erhältlich, für grobe Bestimmungen reichen auch einfache Hilfsmittel wie Fingernagel (ritzt Mineralien bis Härte 2), Taschenmesser (bis ca. 5) und Glasscherbe (bis ca. 6).

Farbe

Zu den augenfälligsten, aber auch problematischsten Eigenschaften der Mineralien gehört ihre Farbe. Sie ist in vielen Fällen diagnostisch verwertbar, in anderen aber auch sehr trügerisch. Man unterscheidet hier die idiochromatischen (eigengefärbten) Mineralien von den allochromatischen (fremdgefärbten), die ihre Farbe durch chemische Beimengungen oder physikalische Prozesse erhalten.

Idiochromatische Färbungen sind diagnostisch hilfreich, allochromatische naturgemäß nicht. Die Farbe wird daher bei nichtmetallischen Mineralien nicht oder nur sehr untergeordnet zum Bestimmen genutzt, wohl aber bei den metallisch glänzenden Mineralien, die stets idiochromatisch gefärbt sind.

Ein sehr einfaches Hilfsmittel zur Unterscheidung von idiochromatischen und allochromatischen Mineralien stellt die Strichfarbe dar.

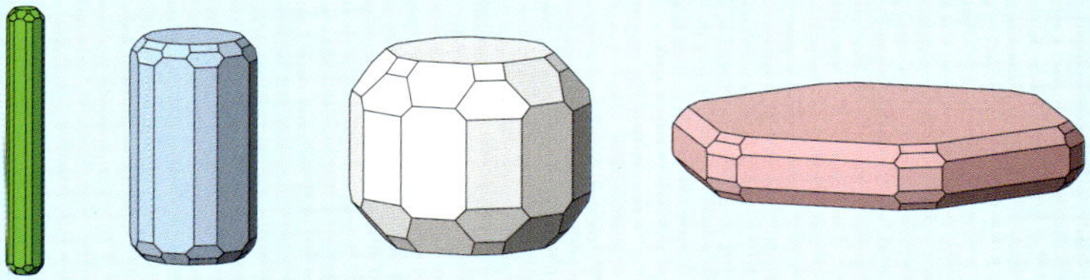

Verschiedener Habitus bei gleicher Tracht: nadelig, prismatisch, isometrisch und tafelig.

Fluoreszenz: Schalenblende (Verwachsung von Sphalerit und Wurtzit) im normalen Licht (links) und im ultravioletten Licht (rechts). Verschiedene Bereiche des gebänderten Erzes leuchten bei der Bestrahlung unterschiedlich stark.

Strich

Den Strich eines Minerals erhält man, indem man ein fein zerriebenes Mineralpulver auf einem Porzellanscherben erzeugt. Bei allochromatischen Mineralien, seien sie auch noch so intensiv gefärbt, ist der Abrieb immer farblos, während er bei idiochromatischen eine arttypische Farbnuance aufweist.

Lumineszenz

Als Lumineszenz werden alle Leuchterscheinungen zusammengefasst, die von Kristallen ausgehen. Tribolumineszenz entsteht beim Zerreiben (z.B. bei Sphalerit), Fluoreszenz bei Bestrahlung mit (für uns unsichtbarem) ultraviolettem Licht, als Phosphoreszenz bezeichnet man das Nachleuchten.

Spaltbarkeit

Bei mechanischer Belastung, z.B. durch Hammerschläge, spalten viele Mineralien entlang von Schwächezonen, wobei ebene, zum Teil stark glänzende Spaltflächen entstehen. Diese entsprechen meist einfachen Kristallflächen, etwa Würfelflächen beim Steinsalz oder Oktaederflächen beim Fluorit. Die Qualität der Spaltbarkeit wird als höchst vollkommen (z.B. Glimmer, Graphit), sehr vollkommen (Calcit, Halit), vollkommen (Fluorit, Sphalerit), deutlich (Orthoklas) oder unvollkommen (Siderit) bezeichnet. Willkürliche, nicht der Spaltbarkeit folgende Flächen nennt man Bruch, den man je nach Erscheinungsbild als muschelig, schalig oder hakig einordnet.

Dichte

Die Dichte eines Körpers ist eine physikalische Größe, die sich aus dem Volumen und dem Gewicht einfach quantitativ ermitteln lässt. Sie wird in g/cm^3 angegeben und beträgt für Wasser definitionsgemäß 1 g/cm^3. Gips z.B. hat eine Dichte von 2,3-2,4 g/cm^3, Galenit etwa 7 g/cm^3. Mit ein wenig Übung ist man schon nach kurzer Zeit in der Lage, die Dichte eines Kristalls als schwer, mittel oder leicht einzustufen und dieses Kriterium zur Bestimmung zu benutzen.

Pseudomorphosen

Ein Mineral kann nur in einem besonderen Stabilitätsgebiet, das heißt unter ganz bestimmten physikalisch-chemischen Bedingungen wie Druck und Temperatur, entstehen.
Ändern sich die physikalisch-chemischen Bedingungen, werden die Kristalle instabil und durch andere Mineralien ersetzt. Dabei wird sehr oft die äußere Gestalt des zuerst entstandenen Minerals beibehalten, es entstehen Pseudomorphosen, wenn sich die chemische Zusammensetzung ändert, Paramorphosen, wenn sie gleich bleibt.

Zwillingsbildung

Eine sehr charakteristische und markante Erscheinung im Mineralreich ist die Zwillingsbildung, bei der zwei oder mehr Kristalle gesetzmäßig so miteinander verwachsen, dass sie scheinbar einen Kristall höherer Symmetrie bilden. Zwillinge sind immer durch so genannte einspringende Winkel zwischen den Individuen gekennzeichnet, kerbenartigen Vertiefungen, die bei Einkristallen nicht auftreten.

Paragenese

Ein weiteres, aber nur von Geübten wirklich sicher zu handhabendes diagnostisches Merkmal ist die Paragenese (Vergesellschaftung) der Mineralien. Es gibt sehr typische Paragenesen, aber auch seltene und ungewöhnliche. Wieder andere Vergesellschaftungen lassen sich aus physikalischen Gründen völlig ausschließen, so zum Beispiel die von Quarz und Olivin.

Pseudomorphose: Bei veränderten Bedingungen wird blauer Azurit unter Beibehaltung seiner Kristallform in grünen Malachit umgewandelt.

Die Entstehung der Mineralien

Ein Aquamarinkristall wird aus einem Edelsteinpegmatit geborgen. Erongo/Namibia.

Wie alle anderen Dinge sind auch Mineralien einem steten Kreislauf von Werden und Vergehen unterworfen. Die Gesteine können durch geologische Prozesse von dem Ort ihrer Entstehung im Erdinneren an die Erdoberfläche heraufgehoben werden. Durch den Einfluss der Atmosphäre verwittern sie; die Reste werden durch Schwerkraft oder Wasser verfrachtet, erneut abgelagert und von weiteren Schichten bedeckt. Durch die Überlagerung steigen Druck und Temperatur, es kommt zur Bildung neuer Mineralien. Steigen Druck und Temperatur weiter an, schmelzen diese wieder auf und werden zu einem glutflüssigen Magma (griechisch für Teig), aus dem bei der Abkühlung erneut Kristalle entstehen. So schließt sich der Kreislauf der Gesteine.

Magmatische Mineralbildungen

In dem sonst festen Erdinneren können örtlich durch bestimmte physikalische und chemische Bedingungen Gesteinsschmelzen (Magmen) entstehen, die je nach chemischer Zusammensetzung eine Temperatur zwischen 650 und 1250° C haben. Diese treten entweder an die Erdoberfläche aus, wobei Ergussgesteine (Vulkanite) entstehen, oder sie bleiben in größerer Tiefe stecken und es entstehen Tiefengesteine (Plutonite).

Im Laufe der Abkühlung bilden sich schon bei sehr hohen Temperaturen die ersten Mineralien; man nennt sie Frühkristallisate. Bei weiter sinkender Temperatur verfestigt sich die Hauptmasse der Schmelze – es entsteht ein Gestein. Nach der Hauptkristallisation verbleibt von dem ursprünglichen Magma nur ein geringer Teil, die so genannte Restschmelze, die angereichert ist mit seltenen Elementen, Wasser und Kohlendioxid und daher sehr beweglich ist. Sie kann, unter Ausbildung riesiger Kristalle, in Hohlräumen kristallisieren oder das bereits entstandene Gestein tiefgreifend ver-

Gebänderter hydrothermaler Erzgang. Bad Grund/Harz.

ändern, wobei Pegmatite und Greisen (pneumatolytische Gesteine) entstehen. Unterhalb von etwa 500° C gehen die Schmelzen in wässrige Lösungen über. Diese Phase der Mineralbildung nennt man hydrothermal. Die meisten der wohlausgebildeten, sammelwürdigen Kristalle stammen aus dem Bereich der pegmatitischen und hydrothermalen Mineralbildung.

Sedimentäre Mineralbildungen

Unter erdoberflächennahen Bedingungen unterliegen Mineralien und Gesteine der Verwitterung. Durch physikalische, chemische oder organische Einflüsse werden die Kristalle aufgelöst, verändert oder verfrachtet. Mineralien, die durch ihre große Härte und chemische Widerstandsfähigkeit erhalten bleiben, können durch Schwerkraft und Wasser fortbewegt werden und sich in Fluss- oder Küstensanden anreichern. Man spricht dabei von Seifenlagerstätten, zu denen viele wichtige Gold-, Platin- und Diamantvorkommen zählen. Das Wasser verfrachtet aber auch die bei der Verwitterung gelösten Stoffe, etwa Salze und Carbonate, bis zum Ozean. Bei der Eindunstung von Lagunen kristallisieren die gelösten Stoffe wieder aus und bilden die so genannten Verdunstungsgesteine (Evaporite).

Metamorphe Mineralbildungen

Werden magmatische oder sedimentäre Gesteine nach ihrer Entstehung erhöhten Drucken oder Temperaturen ausgesetzt, verändern sich die Mineralien. Große Körner wachsen auf Kosten der kleineren, oder die Mineralien werden überhaupt zerstört und es bilden sich neue, ganz andere Kristalle. Diesen Vorgang nennt man Metamorphose.

Man unterscheidet die Regionalmetamorphose, bei der ausgedehnte Gesteinskomplexe unter Druck und Temperaturanstieg in große Erdtiefen versenkt werden, von der Kontaktmetamorphose, die durch den Einfluss heißen Magmas auf das Nebengestein verursacht wird. Zwischen etwa 650 und 900° C beginnt die Aufschmelzung (Anatexis) der metamorphen Gesteine, und der Kreislauf schließt sich zu den Magmatiten.

I. Elemente

Jedes chemische Element ist in sich einheitlich aufgebaut, es besteht aus kleinsten Teilchen, den Atomen. Diese haben ein verschieden starkes Bestreben, Verbindungen einzugehen; je edler sie sind, umso eher können sie als reine Elemente (»gediegen«) auftreten. Insgesamt kommen in der Natur nur rund 30 Elemente in gediegener Form vor. Sie werden unterteilt in Metalle, z.B. Kupfer, Silber, Gold und Eisen, sowie in Halbmetalle und Nichtmetalle, etwa Arsen, Antimon, Wismut, Schwefel und Kohlenstoff, letzterer als Diamant und Graphit. Am Aufbau von Erdkruste und Erdmantel haben sie nur einen sehr geringen Anteil.
Metalle und ihre Legierungen sind elektrisch leitfähig, undurchsichtig, biegsam und nicht spaltbar. Poliert und auf frischen Kristallflächen glänzen sie stark. Nichtmetalle und Halbmetalle zeigen z.T. eine ausgeprägte Spaltbarkeit und sind spröde. Anreicherungen in Lagerstätten können durch Zersetzung des primären Erzes im »Eisernen Hut« entstehen; nach der Verwitterung werden edle Metalle wie Gold und Platin wegen ihrer Resistenz und hohen Dichte in Seifenlagerstätten konzentriert; durch direkte vulkanische Ausscheidungen in Fumarolen lagert sich z.B. Schwefel ab.

Gediegen Silber

Gold Au

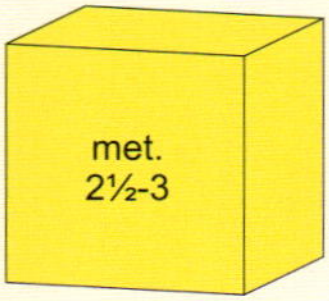

Merkmale: Goldgelb, in dünnen Schichten grün durchscheinend; Dichte (reines Gold) 19,3 g/cm³; Spaltbarkeit keine; der Bruch ist hakig.

In der Regel kristallisiert Gold in stark verzerrten Kristallen mit gekrümmten Flächen und gerundeten Ecken und Kanten. Auf den Oktaederflächen kann man manchmal Dreiecksfiguren, so genannte Trigonen, erkennen. Es bildet aber auch fiedrige, baumartige oder gestrickt wirkende Aggregate. Meist findet man es jedoch derb, aufgewachsen, draht- oder moosförmig, plattig, eingesprengt, als Anflug, in Körnern, als Schuppen oder lose in unregelmäßigen, löchrigen Klumpen (Nuggets). Gold ist sehr duktil, das bedeutet kalt verformbar. Es lässt sich zu dünnsten Schichten (bis zu 0,0001 mm) hämmern und walzen, man spricht dann von Blattgold. Gediegen Gold enthält im Allgemeinen 2-20% Silber und wirkt dadurch heller. Schon Plinius nannte das silberreiche Gold **Elektrum**. Es sind aber auch Platin- oder Kupfergehalte (**Auricuprid**, $CuAu_3$) möglich. Reines Gold ist sehr widerstandsfähig und wird weder vom Luftsauerstoff noch von Säuren angegriffen; nur in Königswasser (Gemisch von Salpetersäure und Salzsäure) ist es löslich.

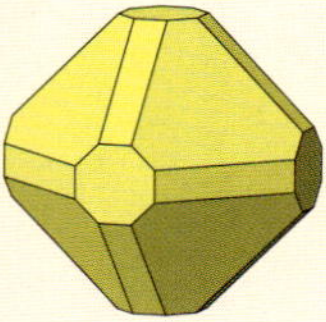
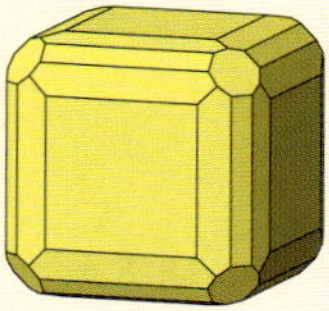
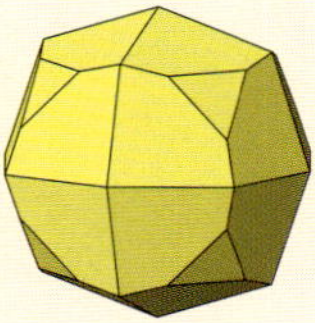
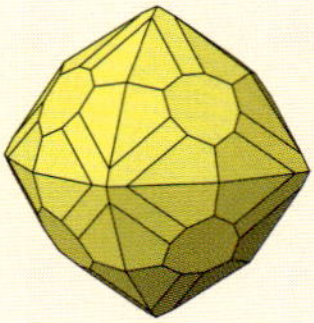

Wissenswertes: Man findet Gold zum einen auf primären Lagerstätten als so genanntes Berggold, zum andern auf sekundären Lagerstätten als Seifengold. Das Berggold ist an hydrothermale Gänge gebunden, die meist in alten Gebirgsrümpfen liegen (alte Goldlagerstätten). Hier wird es oft von Pyrit und Arsenopyrit begleitet. Es tritt jedoch auch in vulkanischen Gesteinen (junge Golderzgänge) in Gängen und Imprägnationszonen auf. Hier wird es von Pyrit, Sphalerit, Fahlerz und von vielen Silbermineralien begleitet. Die sekundären Goldlagerstätten entstehen, wenn goldhaltiges Gestein verwittert und wegtransportiert wird. Das Gold lagert sich dann mit anderen Schwermineralien in so genannten Seifen ab. Schon die Römer wuschen solches Gold im Rhein, wo 1874 der Goldgehalt pro Tonne Sand noch 1 g betrug. Der Goldrausch in Kalifornien wurde durch die Entdeckung der Goldseifen im Sacramento-Tal im Jahr 1849 verursacht, und ähnlich reiche Vorkommen fand man im Klondike-Bezirk am Yukon in Alaska. Eine weltbekannte, riesige fossile Seifenlagerstätte ist der Witwatersrand bei Johannesburg in Südafrika. Auch das Aldan-Gebiet in Sibirien/Russland liefert größere Mengen Gold. Primäre alte Lagerstätten sind zum Beispiel Brandholz im Fichtelgebirge, das Sonnblickgebiet in Salzburg/Österreich (Tauerngold) und Mother Lode in Kalifornien/USA. Junge Golderzgänge finden sich in Siebenbürgen/Rumänien. Hier, in Verespatak, wurden bisher die wohl schönsten Goldstufen Europas gefunden.

Gold ist von alters her das begehrteste Metall überhaupt. Es stellt ein Symbol für Reichtum und Macht dar und bestimmte das Schicksal vieler Völker, wie zum Beispiel der Azteken und Inkas. Namen wie Cortez und Tut-anch Amun, dessen Sarg aus 110 kg purem Gold bestand, sind untrennbar mit ihm verbunden. Heute ist Gold in erster Linie staatliche Währungsgrundlage und wird außerdem als Münzmetall, für Edelmetalllegierungen, als Zahnersatz, in der Apparatetechnik und natürlich als Schmuck verwendet.

S. 17 o.l.: gediegen Gold
Brad, Siebenbürgen/Rumänien; 31 x 46 mm
S. 17 o.r.: gediegen Gold
Verespatak/Rumänien; 20 x 30 mm
S. 17 u.: gediegen Gold, Chile; 40 x 55 mm

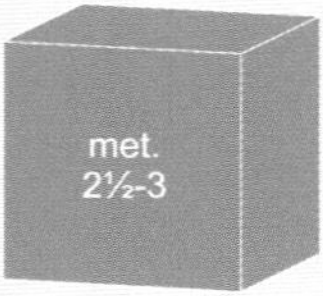

Merkmale: Silberweiß, in dünnsten Schichten blau durchscheinend; oberflächlich meist durch Oxidation schwarz, grau, gelblich oder braun angelaufen; Dichte 9,6-12 g/cm³, (reines Silber 10,5 g/cm³); Spaltbarkeit keine. Der Bruch ist wie beim Gold und Kupfer hakig und das Metall ist sehr dehnbar. Die idiomorphen Kristalle sind meist verzerrt und weisen geknickte Kristallflächen auf. Silber bildet oft baumartige, dendritische oder federartige Aggregate aus parallel verwachsenen oder verzwillingten Kristallen. Es kommt häufig auch derb, in Nestern, eingesprengt oder als Anflug vor, in Platten und Blechen oder in gerundeten Klumpen mit löchriger und zackiger Oberfläche, ebenso moos- und haarartig (Haarsilber). Besonders attraktiv ist die lockenförmig gekrümmte, ineinander verschlungene Wachstumsform (Silberlocken, ausnehmend schön von Freiberg in Sachsen (⇨Abb. S. 15) und Kongsberg/Norwegen). Pseudomorphosen nach Silberglanz, Rotgültigerz und Stephanit sind bekannt. Gediegen Silber enthält häufig Anteile von Gold, Quecksilber, Kupfer, seltener Platin, Antimon und Wismut.

Wissenswertes: Lediglich ein kleiner Teil der Weltproduktion dieses Metalls stammt aus gediegen Silber, die Hauptmenge wird aus sulfidischen Silbererzen gewonnen. Größere Lagerstätten mit gediegen Silber entstehen nur unter hydrothermalen Bildungsbedingungen. Silber kann dann vergesellschaftet sein mit Sulfiden, Zeolithen, Calcit, Baryt, Fluorit und Quarz. Kongsberg in Norwegen ist eine solche Lagerstätte. Sie wurde über mehrere hundert Jahre abgebaut und ist berühmt durch die hervorragenden Funde von kristallisiertem Silber. Von dort gibt es z.B. armdicke Kristalle und Stufen von vielen Kilogramm Gewicht. Außerdem kommt eine Paragenese mit Arseniden, Sulfiden und Wismut vor. Sie ist z.B. typisch für Freiberg und Schneeberg in Sachsen. Schließlich findet man Silber auch vergesellschaftet mit Uraninit und Kobalt-Nickel-Mineralien, z.B. in Jáchymov (Joachimsthal) in Tschechien. In kleinen Mengen wurde Silber auch in der Zementations- oder, seltener, der Oxidationszone von hydrothermalen Silberadern gefunden, vergesellschaftet mit anderen Silbererzen, Galenit und Cerussit. Solche Lagerstätten sind jedoch heute meist schon erschöpft. Silber ist oft an Galenit gebunden und deshalb suchte man nach Galenitlagerstätten, um daraus das Silber zu gewinnen, wie z.B. in Wiesloch in Baden. Der silberhaltige Galenit von Laurion war Grundlage des Reichtums im antiken Griechenland. Außerdem wurde Silber im Harz (St. Andreasberg), in der Slowakei, Österreich, Spanien, Frankreich, England und in Russland abgebaut. Große Silbervorkommen gibt es noch in Broken Hill/Australien, Chañarcillo/Chile, Potosí/Bolivien, Cobalt District, Ontario/Kanada und in Mexiko.

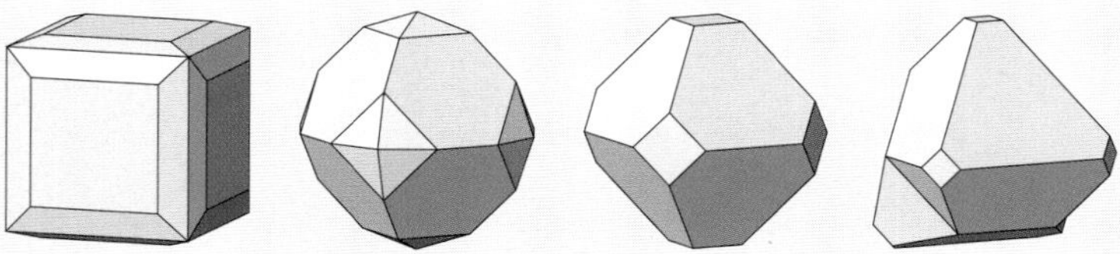

Silber ist ein technisch und wirtschaftlich sehr wichtiges Metall. Es wird benötigt für phototechnische Zwecke (lichtempfindliche Emulsionen auf Filmen), für die elektronische Industrie sowie für medizinisch-therapeutische und chemisch-technische Zwecke. Auch Schmuck, Gebrauchs- und Ziergegenstände werden aus Silber hergestellt, weiterhin ist es ein wichtiges Münzmetall.

S. 19 o.l.: gediegen Silber
Kongsberg/Norwegen; 45 x 65 mm
S. 19 o.r.: gediegen Silber
Kongsberg/Norwegen; 20 x 30 mm
S. 19 u.: gediegen Silber
Chihuahua/Mexiko; 32 x 23 mm

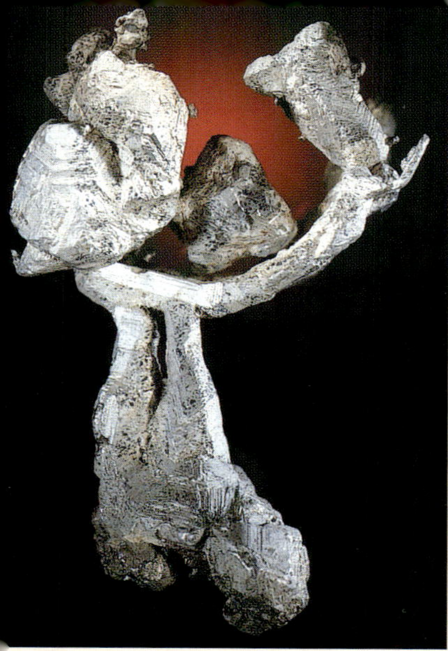

Kupfer Cu

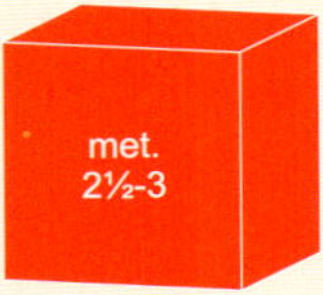

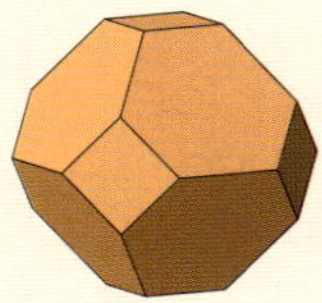

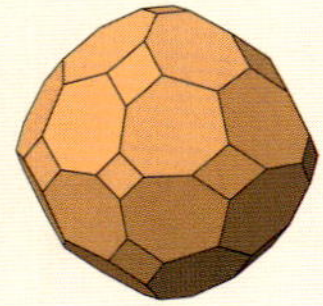

Merkmale: Rotbraun, in dünnsten Schichten grün durchscheinend, oberflächlich meist dunkel angelaufen und oft mit einer braunen, schwarzen, grünen oder blauen Verwitterungsschicht überzogen (Patina); Dichte 8,3-8,9 g/cm^3; Spaltbarkeit keine; selten gut ausgebildete, flächenreiche Kristalle, meist stark verzerrte Individuen, bäumchenartige oder wie gestrickt aussehende Aggregate (dendritisches Wachstum), auch derb, eingesprengt, als Anflug, in Blechen und Klumpen. Kupfer ist dehnbar.

Wissenswertes: Kupfer bildet sich an der Grenze von Oxidations- und Zementationszone aus kupferreichen Erzen meist zusammen mit Malachit, Azurit, Cuprit und Chalkosin. Es kommt auch in Blasenhohlräumen in Basalten, in Brekzien und in Seifen vor. Weltweit gibt es zahlreiche Kupferlagerstätten. Schöne Kristalle sind aus dem Siegerland, dem Ural, von Tsumeb und Onganja/Namibia und besonders vom Lake Superior, Michigan/USA, bekannt. Dort wurden riesige, bis zu 400 t schwere Kristallaggregate in Vulkaniten gefunden. Verwendung findet Kupfer als Legierungsmetall in Messing, Bronze und Schmucksilber, für Heizungs- und Wasserrohre und als Dachbedeckung, aufgrund seiner guten Leitfähigkeit aber vor allem in der Elektroindustrie.

S. 21 o.l.: gediegen Kupfer
Tsumeb/Namibia; 34 x 50 mm
S. 21 o.r.: gediegen Kupfer
Ajo, Arizona/USA; 36 x 53 mm

Arsen, Scherbenkobalt As

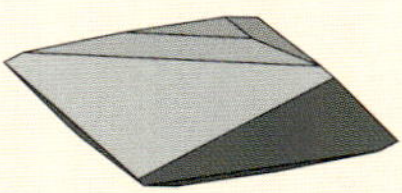

Merkmale: Auf einem frischen Bruch bleigrau, aber schnell mattschwarz anlaufend; Dichte 5,7 g/cm^3; Spaltbarkeit vollkommen. Kristalle sind selten, meist kommen schalige Aggregate mit nierenförmiger Oberfläche vor; einzelne dünne Schalen lassen sich voneinander abheben (**Scherbenkobalt**). Beim Schmelzen und bei Hammerschlag entwickelt sich Knoblauchgeruch.

Wissenswertes: Arsen entsteht als hydrothermales Produkt in Erzgängen. Vorkommen liegen im Harz (St. Andreasberg) und im Erzgebirge (Schneeberg, Freiberg, Johanngeorgenstadt, Marienberg). Es findet Verwendung bei der Bekämpfung von Insekten, in der Medizin und als Legierungsmetall. Arsen ist giftig!

S. 21 u.l.: gediegen Arsen
St. Andreasberg, Harz/BRD; 38 x 53 mm

Landsbergit Ag_5Hg_8

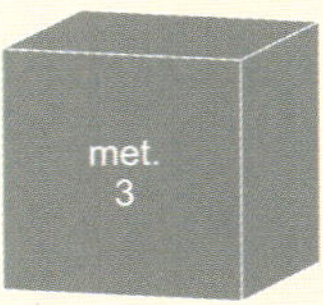

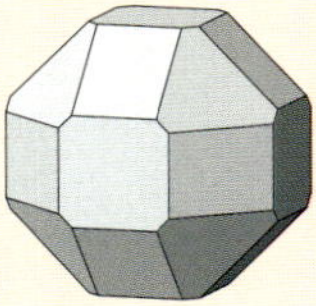

Merkmale: Silbergrau; Dichte etwa 14 g/cm^3; Spaltbarkeit keine; muscheliger Bruch, ziemlich spröde bis hämmerbar. Es treten oft sehr schöne, flächenreiche Kristalle von würfeliger oder oktaedrischer Ausbildung auf, auch Körner, derbe Massen und Anflüge kommen vor.

Wissenswertes: Landsbergit ist eine natürliche Legierung von Silber und Quecksilber, d.h. ein Amalgam. Er kommt oft in Zinnober- und Quecksilber- sowie auch in manchen Silberlagerstätten vor, z.B. in Moschellandsberg/Pfalz, Sala/Schweden, Kongsberg/Norwegen und Szlana/Ungarn. Künstliches Amalgam wird in der Zahnmedizin als Zahnfüllung verwendet.

S. 21 u.r.: Landsbergit
Moschellandsberg, Pfalz/BRD; 5 x 8 mm

Eisen Fe

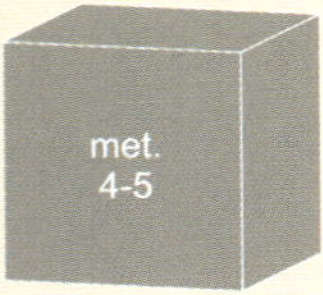

Merkmale: Stahlgrau bis schwarz gefärbt; Dichte 7,9 g/cm³; Spaltbarkeit keine. In der Natur sind keine idiomorphen Kristalle bekannt, sondern Eisen kommt meist derb, eingesprengt, in Körnern, Schuppen, Tropfen und Knollen vor. Der Bruch erscheint hakig.

Wissenswertes: Eisen ist stark magnetisch und enthält immer etwas Nickel (bis zu 20% in Meteoriten) und manchmal etwas Kobalt, Kupfer, Mangan, Schwefel oder Kohlenstoff. Es reagiert sehr schnell mit dem Luftsauerstoff, d.h. es oxidiert (rostet), und kommt deshalb nur sehr selten in seiner elementaren Form vor. Man findet es in Flutbasalten in Ovifak, Disko/Grönland als feine Imprägnationen und in großen, knolligen Massen von bis zu 25 t. Bis zu 30 cm große und 5 kg schwere, durch Verwachsung mit Silikaten schwammig wirkende Eisenknollen wurden im Basalt von Bühl bei Kassel gefunden. Ganz ähnlich sind die in neuerer Zeit entdeckten Vorkommen von Kurejka Reka in Sibirien/Russland.

Nicht nur irdisches Eisen ist bekannt, das Mineral kommt auch aus dem Weltall zu uns. Es findet sich in vielen Steinmeteoriten und ist der Hauptbestandteil von Eisenmeteoriten. Ätzt man die geschliffene Oberfläche eines Eisenmeteoriten, entwickeln sich typische Lamellen (Widmanstättensche Figuren), ein untrügliches Unterscheidungsmerkmal zu irdischem Eisen.

Eisen ist das wichtigste Metall für technische Zwecke. Zu seiner Gewinnung werden hauptsächlich Eisenoxide (Magnetit und Hämatit) und Eisencarbonate (Siderit und Ankerit) abgebaut. Es wird zu Gusseisen und zu Stahl weiterverarbeitet.

S. 23 o.l.: gediegen Eisen (irdisch)
Bühl bei Kassel/BRD; 65 x 91 mm
S. 23 o.r.: gediegen Eisen (meteoritisch)
Gibeon/Namibia; 80 x 120 mm

Schwefel S

Merkmale: Schwefelgelb mit einem Stich ins Grünliche, honig- bis wachsgelb, gelblich weiß, klar durchsichtig bis opak; Dichte 2,0 g/cm³; Spaltbarkeit undeutlich. Die Kristalle sind flächenreich, aufgewachsen, bis zu mehrere Zentimeter groß und manchmal durch Einschlüsse oder Überzüge von Bitumen oder Öl dunkel gefärbt; auch körnige, strahlige, faserige, erdige oder mehlige Aggregate kommen vor. Schwefel ist sehr spröde und springt bei Temperaturschwankungen schon in der Handwärme. Er verbrennt an der Luft zu SO_2, wodurch er leicht am Geruch erkennbar ist.

Wissenswertes: Metastabiler monokliner Schwefel entsteht oberhalb von +95,6° C, er bildet sich aber bald in den stabilen rhombischen Schwefel um. Schwefel entsteht zum einen in vulkanischen Gebieten aus H_2S-haltigen Dämpfen (Eifel, Vulcano/Italien, Japan, Indonesien), zum anderen auch sedimentär durch Reduktion von Sulfaten mithilfe von organischen Substanzen (anaeroben Bakte-

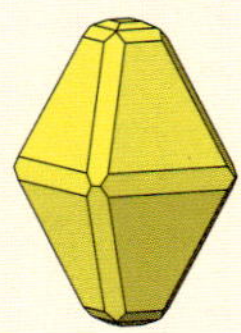

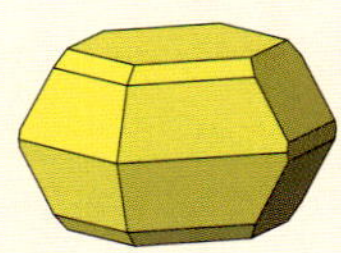

rien) und kommt dann zusammen mit Gips und Coelestin vor (Agrigento und Caltanisetta/Sizilien, Staßfurth im deutschen Zechsteingebiet, Tarnobrzeg/Polen). Wirtschaftlich besonders wichtig sind die Vorkommen in Louisiana und Texas/USA, wo Schwefel durch überhitzten Wasserdampf unterirdisch geschmolzen und zutage gepumpt wird.

Schwefel ist ein wichtiger Rohstoff für die chemische Industrie. Er wird benötigt zur Herstellung von Schwefelsäure und Schwarzpulver, zum Vulkanisieren von Kautschuk sowie zur Produktion von Schädlingsbekämpfungsmitteln.

S. 23 u.: gediegen Schwefel
Sizilien/Italien; 120 x 80 mm

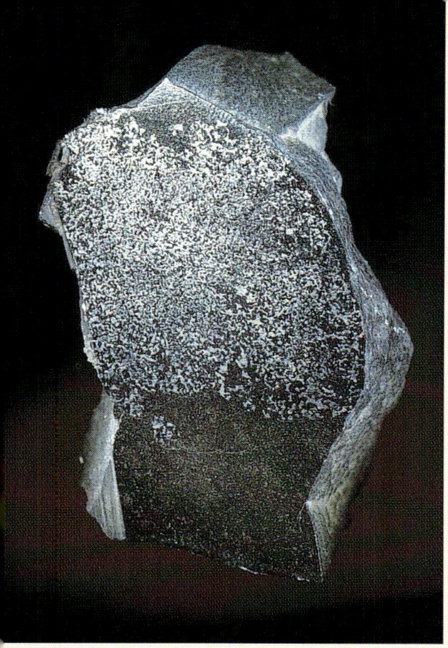

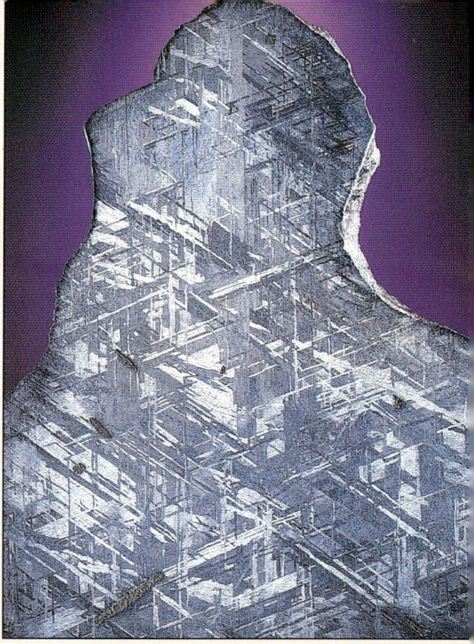

Graphit C

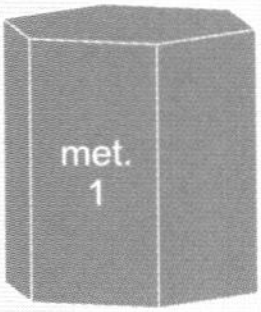

Merkmale: Dunkel- oder lichtstahlgrau, undurchsichtig, nur in allerdünnsten Schichten grau durchscheinend; Dichte 2,1-2,3 g/cm³; Spaltbarkeit vollkommen; zumeist krumm- oder radialblättrige, schuppige, derbe Massen, selten Kristalle oder auch 6-eckige Tafeln; ähnelt Molybdänit (⇨S. 46), der aber einen bläulichen Schimmer zeigt.

Wissenswertes: Graphit ist die stabile Zustandsform des Kohlenstoffs an der Erdoberfläche. Er besitzt ein typisches Schichtgitter und ist parallel dieser Schichten vollkommen spaltbar. Dadurch und durch seine geringe Härte färbt er stark ab. Darauf weist auch der vom griechischen *grapho*, ich schreibe, abgeleitete Name hin.

Die wichtigsten Graphitlagerstätten sind meist durch metamorph veränderte Kohlevorkommen entstanden (organische Herkunft). In hochgradigen Metamorphiten kommt Graphit in Flözen, Nestern und Linsen vor, wobei man oft Übergänge zur Kohle findet (Kropfmühl/Bayerischer Wald, Zimbabwe, Sibirien). Er entsteht auch in Pegmatiten oder kontaktmetasomatisch (Russland, Sri Lanka, Südindien) durch Reduktion von CO_2, das aus Kalkstein durch die Kontaktmetamorphose frei wurde, oder durch die Zersetzung von aufsteigenden Kohlenwasserstoffen. Schließlich findet man Graphit auch als Flitter und Knollen in Meteoriten. Zu technischer Verwendung gelangt Graphit bei der Herstellung von Schmelztiegeln, Schmiermitteln, Farbe, in der Reaktortechnik und – wegen seiner hervorragenden Leitfähigkeit – als Elektroden und Kohlebürsten in Elektromotoren.

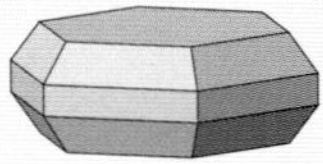

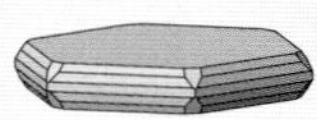

S. 25 o.: Graphit
Altstadt, Mähren/Tschechien; 21 x 15 mm

Diamant C

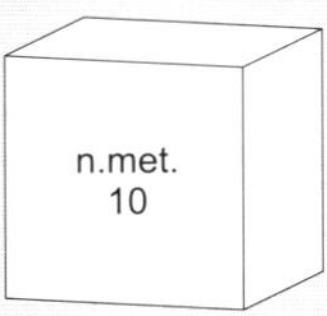

Merkmale: Farblos, leicht gelblich oder bläulich; stärker gefärbte Edelstein-Varietäten, sog. »fancy diamonds«, in Gelb, Braun, Rot, Grün, Grau, Schwarz; Dichte 3,5 g/cm³; Spaltbarkeit vollkommen; meist idiomorphe, oft flächenreiche, ringsum ausgebildete Kristalle; Oktaeder (Flächen oft von dreieckigen Grübchen, Trigonen, bedeckt), Rhombendodekaeder und Würfel; Flächen häufig stark gerundet; Zwillingsbildungen sind verbreitet.

Wissenswertes: Diamant ist in jeder Beziehung ein außergewöhnliches Mineral. Er ist mit Abstand der härteste Stoff, den wir in der Natur kennen, und daher technisch von größter Bedeutung. Seine Seltenheit und das starke »Feuer« machen ihn zum geschätztesten Edelstein überhaupt. Der größte bislang gefundene schleifwürdige Diamant, der »Cullinan« aus der Premier Mine bei Pretoria/Südafrika, war knapp faustgroß und hatte 3106 Karat (ca. 600 g).

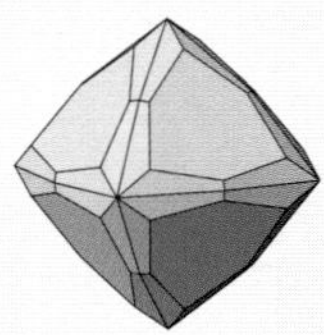

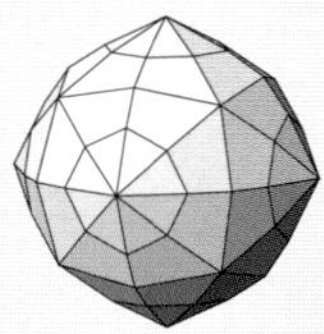

Primär wird Diamant in Erdtiefen von mehr als 150 km gebildet und von einer vulkanischen Brekzie, dem Kimberlit, nach oben gebracht. Wegen seiner Beständigkeit findet man ihn oft in Seifen. Bedeutende primäre Lagerstätten werden in Südafrika (Kimberley) und Botswana abgebaut, Seifen gibt es in Namibia, Brasilien, Ostindien oder Angola. Wissenschaftlich interessant sind die Vorkommen in Eklogiten und – in mikroskopisch kleinen Kristallen – in Ultrahochdruckmetamorphiten (sächsisches Erzgebirge, Russland, China). Ein großer Teil der Diamanten für technische Verwendung wird heute synthetisch hergestellt.

S. 25 u.: Diamant in Konglomerat
Brasilien; 31 x 23 mm

II. Sulfide und verwandte Verbindungen

Sulfide sind Salze der Schwefelwasserstoffsäure H_2S. Dabei verbinden sich stets ein oder mehrere Metallatome mit einem oder mehreren Schwefelatomen. Die Metalle Eisen, Kobalt, Nickel, Kupfer, Silber, Zink, Quecksilber und Blei treten am häufigsten auf. An die Stelle des Schwefels können auch einige nahe verwandte Elemente treten, nämlich Selen, Tellur, Arsen, Antimon und Wismut. Früher gliederte man die Sulfide in Kiese, Fahle, Blenden und Gültige, lauter Begriffe des mittelalterlichen Bergbaus; heute unterteilt man sie in metallreiche und metallarme Verbindungen. Sulfide sind durch metallisch-erzartiges Aussehen, ihr hohes spezifisches Gewicht und meist durch Undurchsichtigkeit und elektrische Leitfähigkeit gekennzeichnet. Man findet sie hauptsächlich in Erzlagerstätten des magmatischen Zyklus, aber auch in Meteoriten. Sie stellen die wirtschaftlich bedeutendsten Erzträger der Erde dar. Nahe der Erdoberfläche, im »Eisernen Hut« der Lagerstätten, werden sie zersetzt und bilden unter dem Einfluss von Wasser und der Atmosphäre farbenprächtige Sekundärmineralien.

Markasit auf Galenit

Bornit, Buntkupferkies Cu_5FeS_4

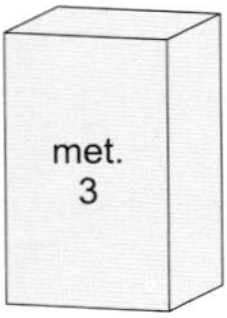

Merkmale: Bronzebraun am frischen Bruch, läuft aber sofort bunt an; Dichte etwa 5 g/cm³; Spaltbarkeit undeutlich; muscheliger Bruch; ausgesprochen pseudokubische Kristalle.

Wissenswertes: Bornit kommt selten magmatisch vor, sondern meist als pegmatitisch-pneumatolytische und hydrothermale Bildung, auch sedimentär, als Fällungsprodukt in der Zementationszone oder selten als Kluftmineral (Venediger-Massiv, große Kristalle). Am frischen Bruch ähnelt Bornit dem Pyrrhotin, angelaufen dem Covellin oder Chalkopyrit. Hervorragende Kristalle stammen von Dal'negorsk/Russland. Bornit ist ein wichtiges Kupfererz.

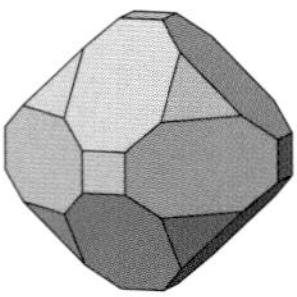

S. 29 o.l.: Bornit
Oberschlema, Sachsen/BRD; 70 x 100 mm

Dyskrasit Ag_3Sb

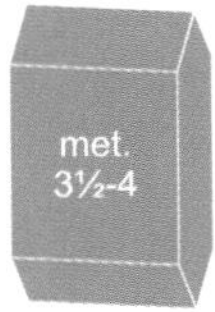

Merkmale: In frischem Zustand silberweiß und stark metallisch glänzend, meist jedoch oberflächlich grau oder goldbraun angelaufen; Dichte 9,4-10 g/cm³; Spaltbarkeit deutlich; überwiegend tafelig oder prismatisch ausgebildete Kristalle, pseudohexagonal und längsgestreift.

Wissenswertes: Dyskrasit zählt zu den selteneren Silbererzen. Er kommt neben Arsen- und Antimonerzen auf Silbererzgängen vor. Seine Kristalle sind häufig von gediegen Arsen umwachsen oder in Calcit eingebettet. Wichtige Fundorte sind St. Andreasberg/Harz, Wolfach/Schwarzw., Markirch, Vogesen/Frankreich und Harmsarvet/Schweden.

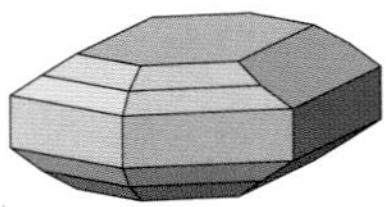

S. 29 o.r.: Dyskrasit in Safflorit
St. Andreasberg, Harz/BRD; 17 x 24 mm

Chalkosin, Kupferglanz Cu_2S

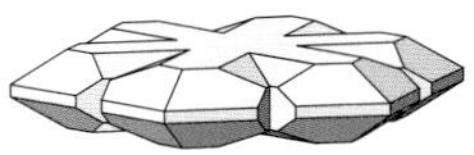

Merkmale: Schwärzlich bleigrau, gewöhnlich matt angelaufen, auch blau und grün; Dichte etwa 5,7 g/cm³; Spaltbarkeit undeutlich; muscheliger Bruch, spröde; Kristalle meist pseudohexagonal durch Zwillingsbildung; auch derbe, körnige bis dichte Massen.

Wissenswertes: Chalkosin ist ein wichtiges Kupfererz. Er entsteht häufig hydrothermal, aber auch in den Zementationszonen aller Kupferlagerstätten aus den Primärerzen. Er verwittert leicht unter Bildung von Cuprit, gediegen Kupfer, Malachit und Azurit. Bedeutende Vorkommen liegen in Bingham/Utah, Ray, Globe, Bisbee/Arizona, Kounrad, Sibirien/Russland, Tsumeb/Namibia. Besonders schöne Kristalle kommen von Redruth, Cornwall/England.

S. 29 u.l.: Chalkosin
Bristol, Connecticut/USA; 36 x 50 mm

Argentit, Silberglanz Ag_2S

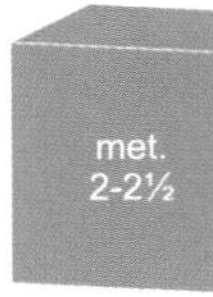

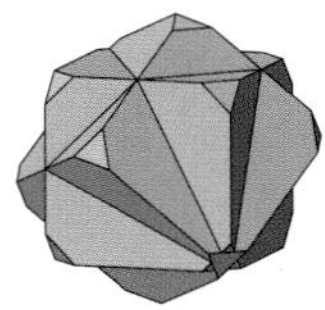

Merkmale: Schwärzlich grau; Dichte 7,3 g/cm³; Spaltbarkeit undeutlich; Bruch muschelig; vollkommen schneidbar; meist würfelige und oktaedrische Kristalle, Durchdringungszwillinge, ebenso zahnige bis haarförmige, verzerrte oder gedrehte Individuen.

Wissenswertes: Argentit ist die kubische Hochtemperaturform des Ag_2S (Entstehungstemperatur über 179° C, darunter entsteht monokliner **Akanthit**). Er bildet sich hydrothermal zusammen mit Galenit und Proustit (Erzgebirge, Kongsberg/Norwegen). Besonders schöne und große Kristalle wurden in Guanajuato/Mexiko gefunden. Argentit ist ein wichtiges primäres Silbererz.

S. 29 u.r.: Argentit, Chañarcillo/Chile; 43 x 60 mm

Wurtzit ZnS

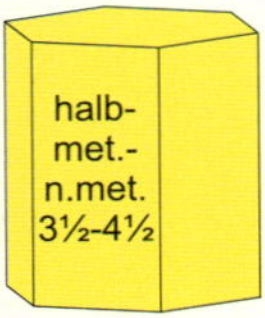

Merkmale: Gelb bis braun; Dichte 4,0 g/cm³; Spaltbarkeit deutlich; meist derb, selten Kristalle, die dann meist eine deutlich unterschiedliche Ober- und Unterseite aufweisen; Zwillinge, Viellinge.

Wissenswertes: Wurtzit ist von Zinkblende durch Doppelbrechung und Pleochroismus (⇨S. 146) zu unterscheiden. Er entsteht metastabil bei niedrigen Temperaturen oder bei 1020° C aus Zinkblende und enthält stets etwas Eisen und Cadmium.

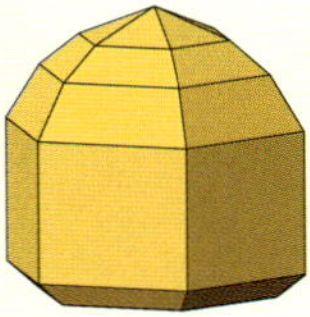

Strahlen- und Schalenblenden sind feinkörnige Gemenge aus Wurtzit und Zinkblende. Fundorte sind z.B. Stolberg bei Aachen und Wiesloch/Baden.

S. 31 o.l.: Wurtzit
Kirka Grube, Thrakien/Griechenland; 6 x 9 mm

Argentopyrit $AgFe_3S_5$

Merkmale: Stahlgrau bis goldbraun, oft mit metallisch bunten Anlauffarben; Dichte 4,3 g/cm³; Spaltbarkeit keine; bildet pyrrhotinähnliche, pseudohexagonale, prismatische bis tafelige Durchkreuzungsdrillinge ähnlich dem Aragonit.

Wissenswertes: Argentopyrit ist sehr selten und gehört zu den Silberkiesen, einer Gruppe schlecht definierter Mineralien. Er ähnelt dem **Sternbergit**, und ist von diesem durch die fehlende Spaltbarkeit und die geringere Härte zu unterscheiden. In kleinen Mengen ist Argentopyrit auf Silbererzgängen verbreitet (St. Andreasberg, Schneeberg, Marienberg/Sachsen, Peru, Mexiko).

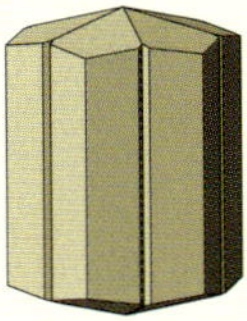

S. 31 o.r.: Argentopyrit
St. Andreasberg, Harz/BRD; 3 x 4 mm

Cinnabarit, Zinnober HgS

Merkmale: Leuchtend rot durchscheinend bis metallisch dunkelrot glänzend; Dichte 8,1 g/cm³; Spaltbarkeit vollkommen; kommt meist in derben, körnigen, erdigen Massen und Beschlägen vor, selten in kleinen, dicktafeligen Kristallen; Durchkreuzungszwillinge zweier Rhomboeder sind häufig.

Wissenswertes: Cinnabarit ist eines der ganz wenigen Sulfide, deren Bildung auch heute noch beobachtet werden kann. In Verbindung mit Vulkanismus entsteht er in warmen Thermen und aus vulkanischen Gasen. Auf diese Weise sind wohl auch viele der wirtschaftlich wichtigen Quecksilberlagerstätten entstanden. Schon seit dem Altertum wird er z.B. bei Almaden in Spanien gefördert. Die Gruben von Idria/Slowenien sind bereits seit 1497 bekannt, und in Ober-Moschel in der Pfalz wurde er erstmals 1776 abgebaut. In kleinen, schönen Kristallen auf Baryt kommt er von Baumholder/Saarland. Wichtige Lagerstätten sind Monte Amiata, Toskana/Italien, Almaden/Spanien, New Almaden und New Idria, Kalifornien und Terlingua, Texas/USA sowie Nikitowka, Donez/Russland. Seit einigen Jahren kommen viele exzellente und große Kristalle, attraktiv auf weißen Quarz oder Calcit aufgewachsen, aus der Provinz Hunan/China.

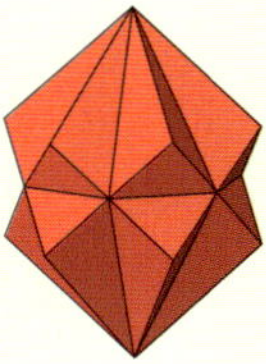

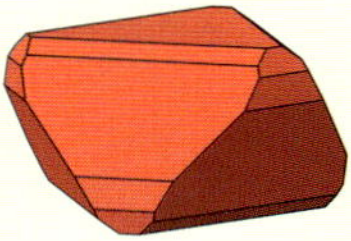

Cinnabarit ist das wichtigste Erz zur Gewinnung des Quecksilbers, das in der Mess- und Regeltechnik verwendet wird. Große Mengen benutzt man auch zum Amalgamisieren. Auf diese Weise wird feinstkörniges Gold aus Erzen extrahiert.

S. 31 u.: Cinnabarit
Steierischer Erzberg/Österreich; 14 x 10 mm

Sphalerit, Zinkblende ZnS

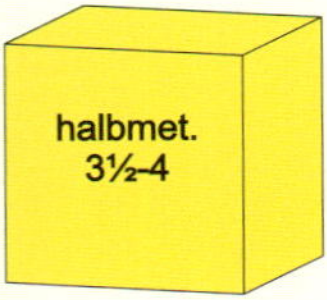

Merkmale: Sphalerit in reiner Form (**Zinkblende**) ist farblos. Je nach Gehalt an weiteren Beimengungen variiert die Farbe. Durch Einbau von Eisen in wechselnder Menge kommt es zu gelben (**Honigblende**), braunen, roten (**Rubinblende**), dunkelgrünen bis schwarzen (**Marmatit**) Farbtönen. Dichte 3,9-4,2 g/cm³ (reiner Sphalerit: 4,06 g/cm³); Spaltbarkeit vollkommen nach dem Oktaeder. Sphalerit kommt in sehr schönen Kristallen vor. Charakteristisch sind gewölbte Flächen und verzerrte Individuen. Zwillingsbildung ist häufig, durch die Bildung von polysynthetischen Viellingen sind die Spaltflächen zuweilen gestreift. Ebenso findet man Sphalerit derb, in spätigen, grob- bis feinkörnigen, selten strahligen Aggregaten, auch dichte, gesteinsbildende Massen treten auf. **Schalenblende** nennt man die schalen- und krustenförmigen Varietäten. Sie besteht meistens aus einem Gemenge von Sphalerit und Wurtzit. Es können noch andere, zum Teil seltene Metalle wie Indium, Gallium, Thallium, Quecksilber, Kupfer, Zinn, Silber, Blei und Gold enthalten sein, deren Gewinnung technisch durchaus interessant ist. Als typisches Erkennungsmerkmal dient der Geruch nach faulen Eiern (Schwefelwasserstoff), der beim Reiben auf der Porzellanscherbe entsteht.

Wissenswertes: Sphalerit ist fast immer mit Galenit und Chalkopyrit vergesellschaftet und kommt in vielen Lagerstättentypen vor. In sämtlichen sulfidischen Tiefengesteinen ist er als Spur vorhanden (magmatische Entstehung). In der pegmatitisch-pneumatolytischen Phase kommt er z.B. in Zinnerzgängen vor (Hagendorf/Bayerischer Wald). Eisenreiche Blende findet man in Sachsen (Schwarzenberg, St. Christoph) und Bayern (Bodenmais). Hervorragende schwarze Marmatite stammen aus Trepča/Kosovo. Die wichtigsten Vorkommen dieses Minerals aber sind hydrothermale Gänge in Kalk oder Dolomit. Wunderschöne Kristalle von Sphalerit auf zuckerkörnigem Dolomit wurden im Binntal/Schweiz gefunden. Besonders klare Honigblende kommt von Santander/Spanien, und die Rubinblende von der Grube Georg bei Horhausen im Westerwald ist berühmt. Den Namen »Blende« erhielt das Mineral von deutschen Bergleuten in Sachsen und im Harz (Nebengestein, das »blendet und betrügt«, weil es einen hohen Gehalt an Metall erwarten ließ). Fast alle Bleizinkerzgänge und hydrothermalen Lagerstätten führen Sphalerit (Oberharz, Siegerland, Schwarzwald, Baden, Westfalen, Kärnten/Österreich, Tri States District/USA). Nicht zuletzt kommt Sphalerit neben Pyrit und Baryt auch in Sedimenten vor, die unter Sauerstoffabschluss entstanden sind (Meggen/Sauerland, Rammelsberg/Harz). Obwohl Sphalerit das verbreitetste Zinkmineral ist, blieb es lange Zeit als Zinkerz unbekannt. Noch Agricola (16. Jh.) hielt das Mineral für ein Bleierz; erst im 18. Jh. erkannte es der schwedische Chemiker Brandt als wichtiges Zinkerz, und im 19. Jh. entwickelte man die Technologie zur Verhüttung auf Zink.

Zink ist Bestandteil von Messing und anderen Legierungen. Überdies wird es benötigt zum Verzinken von Eisen als Korrosionsschutz, für galvanische Elemente, zur Herstellung von Schädlingsbekämpfungsmitteln und für medizinische Zwecke.

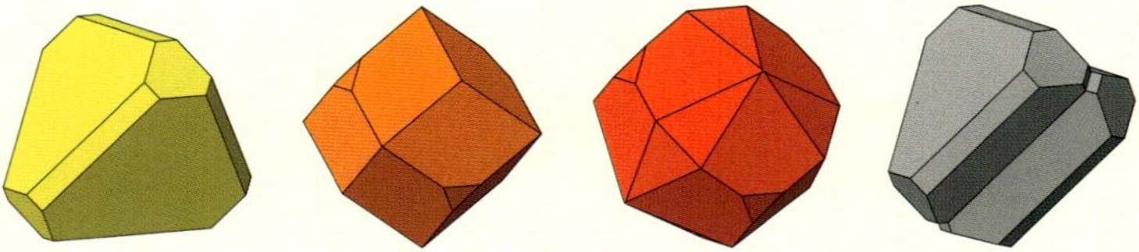

S. 33 o.: Sphalerit auf Dolomit
Binntal/Schweiz; 32 x 23 mm
S. 33 u.: Sphalerit auf Quarz
Braubach, Rhein/BRD; 15 x 11 mm

Fahlerz $(Cu,Fe)_{12}(As,Sb)_4S_{13}$

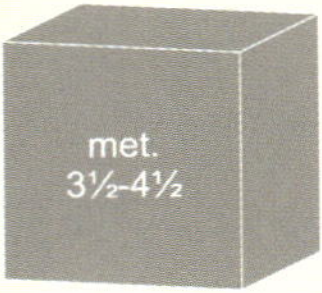

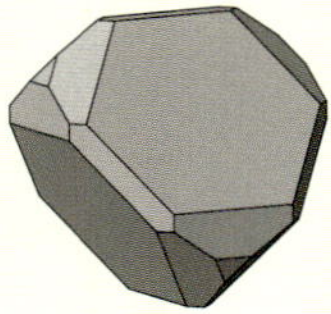

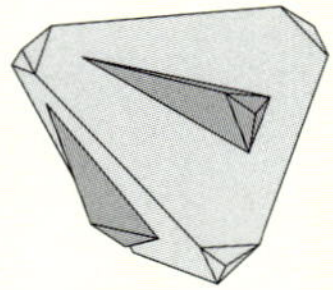

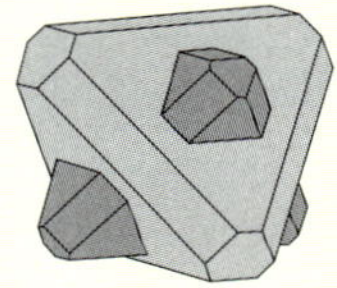

Die Fahlerze bilden eine Gruppe von Mineralien, deren wichtigste Endglieder **Tennantit** (Arsenfahlerz) und **Tetraedrit** (Antimonfahlerz) sind.

Merkmale: Je nach Zusammensetzung stahlgrau mit olivfarbenem Stich, eisenschwarz, mehr weißlich, gelblich, grünlich oder bläulich getönt; Dichte 4,6-5,2 g/cm³; Spaltbarkeit undeutlich; oft in flächenreichen, schönen Tetraedern kristallisierend (daher der internationale Name Tetraedrit), häufig von Chalkopyrit und seltener von Sphalerit überzogen. Durchdringungszwillinge sind bei diesem Mineral sehr häufig, es kommt aber auch in derber Form vor, ebenso eingesprengt, körnig oder in dichten Massen.

Wissenswertes: Fahlerz wird hauptsächlich in niedrig bis mitteltemperierten hydrothermalen Erzgängen, seltener in hoch temperierten Gängen gebildet, doch auch kontaktmetasomatisch oder pegmatitisch und sedimentär kann es entstehen. Schöne Kristalle stammen von Tsumeb/Namibia und Cavnic/Rumänien. Fahlerze – so wurden im Mittelalter Erzmineralien von dunkler (fahler) Farbe genannt – sind wichtige Rohstoffe für die Kupfer-, Silber-, Quecksilber- und Antimongewinnung.

S. 35 o.: Fahlerz
Grube Georg bei Willroth, Westerwald/BRD; 26 x 19 mm

Chalkopyrit, Kupferkies $CuFeS_2$

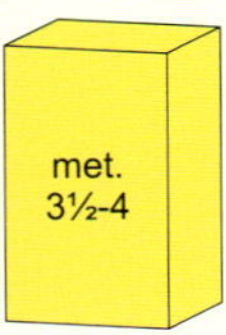

Merkmale: Messinggelb mit einem Stich ins Grünliche, auch goldgelb; bunte Anlauffarben, oft je nach Fläche unterschiedlich getönt; Dichte 4,2-4,3 g/cm³; Spaltbarkeit undeutlich. Kristalle sind gut ausgebildet, bis einige Zentimeter groß, Zwillinge kommen häufiger vor als Einzelkristalle, meist jedoch in körnigen Massen und derben Aggregaten. Orientierte Verwachsungen mit Sphalerit sind wegen der strukturellen Ähnlichkeit der beiden Mineralien häufig. Vom sehr ähnlichen Pyrit ist Chalkopyrit durch die geringere Härte leicht zu unterscheiden (mit einer Nadel ritzbar).

Wissenswertes: Chalkopyrit ist als so genannter Durchläufer auf Lagerstätten verschiedenster Art eines der häufigsten Erzmineralien überhaupt. In fast allen Tiefengesteinen finden sich Spuren von Chalkopyrit, zusammen mit Magnetkies und Pentlandit. Er kommt in Pegmatiten, pneumatolytischen Gängen sowie kontaktmetasomatisch, meist als gleichmäßige Imprägnation, im Gestein

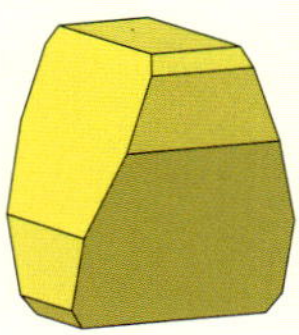

vor. Ebenso ist er in fast allen hydrothermalen Gängen neben Galenit und Sphalerit vertreten (Harz, sächsisches Erzgebirge, Cornwall/England). Sedimentär entstand Chalkopyrit am Rammelsberg/Harz und im Mansfelder Kupferschiefer, außerdem tritt er in allen möglichen metamorphen Lagerstätten auf. Bei der Verwitterung von Chalkopyrit entsteht grüner Malachit und andere farbenprächtige Mineralien des »Eisernen Huts«. Ganz vorzügliche Kristalle lieferten Gänge im Siegerland, im Oberharz und im sächsischen Erzgebirge.

Am Rammelsberg im Harz wird der Abbau von Chalkopyrit bereits seit dem Jahre 900, der Zeit Ottos I., betrieben, in Falun/Schweden seit 1220. Heute stellt er das wichtigste Kupfererz dar.

S. 35 u.: Chalkopyrit auf Siderit
Grube Georg bei Willroth, Westerwald/BRD; 36 x 26 mm

Galenit, Bleiglanz PbS

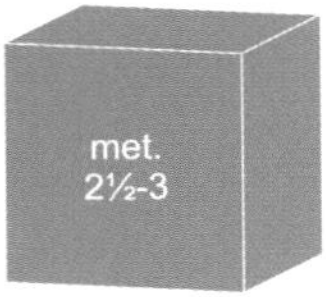

Merkmale: Hellglänzend bleigrau, Kristallflächen und derbe Stücke meist matt angelaufen; Dichte 7,2-7,6 g/cm³; Spaltbarkeit vollkommen nach dem Würfel. Das Mineral kristallisiert in nahezu vollkommenen Würfeln, Oktaedern, Rhombendodekaedern oder Kombinationen daraus, und zwar z.T. in Kristallen von beachtlicher Größe, meist aufgewachsen. Typisch sind verschiedene Arten von Verzerrung, oft sind die Flächen gekrümmt und geknickt, die Kanten und Ecken abgerundet, sodass die Kristalle wie angeschmolzen aussehen, manchmal wirken sie löchrig zerfressen oder sind skelettförmig gewachsen (in feinkörnigen Sphalerit eingewachsene Skelettformen nennt man »gestrickt«). Sternförmige Gebilde und plattenartige Kristalle entstehen durch Zwillingsbildung nach dem Oktaeder.

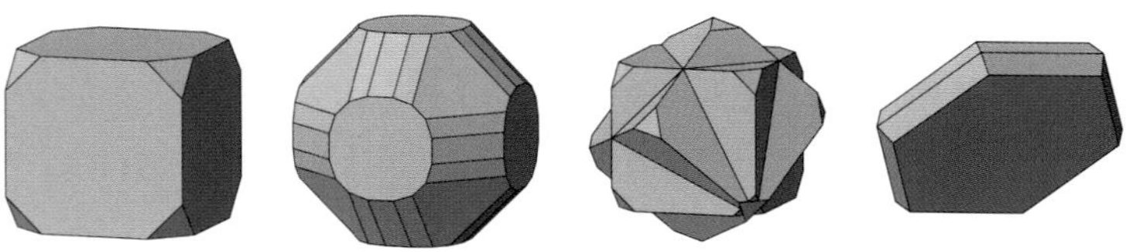

Wissenswertes: Galenit ist ein weit verbreitetes und in großen Mengen vorkommendes Mineral. Er enthält meist feinste Teilchen von so genannten Silberträgern wie Proustit, Pyrargyrit und Fahlerz, wodurch er zum mengenmäßig wichtigsten Silbererz wird. Silbergehalte von 1 % sind keine Seltenheit, sie können sogar noch darüber liegen. Aus diesem Grund wurde Galenit bereits im Altertum abgebaut. Durch Verwachsung mit Sphalerit, Bournonit und Fahlerz kommt es außerdem zu nicht unerheblichen Gehalten von Zink, Eisen, Kupfer, Antimon und Wismut.

Galenit entsteht hauptsächlich hydrothermal und ist stets mit Chalkopyrit und Sphalerit vergesellschaftet. Zu den bekanntesten Lagerstätten dieses Typs gehören die stillgelegten Bergbaureviere des Oberharzes (Clausthal-Zellerfeld und Bad Grund) und des sächsischen Erzgebirges (Freiberg, Schneeberg). Weltweit gibt es zahlreiche weitere Vorkommen, z.B. Ramsbeck im Sauerland (bekannt für flachtafelige Zwillinge), Altenberg bei Aachen, die Grube Christian Levin bei Essen, Bleialf in der Eifel, Gonderbach bei Laasphe, Bleiberg/Österreich, Příbram/Tschechien, Trepča/Kosovo, Südspanien, Kaukasus, Laurion/Griechenland. Sehr gut ausgebildete, bis Dezimeter große Kristalle wurden in Joplin/Missouri gefunden. Sedimentär gebildet und metamorph überprägt findet sich Galenit im Rammelsberg bei Goslar und in gewaltigen Mengen in Broken Hill, New South Wales/Australien. Die schönsten, oft sehr flächenreichen Kristalle in attraktiver Paragenese mit Siderit, Quarz und Bournonit kamen aus Neudorf im Harz. Sehr interessant sind auch die als **Blaubleierz** bekannten Pseudomorphosen von Galenit nach großen Pyromorphit-Kristallen. Seinen Namen erhielt das Mineral von Abraham Gottlob Werner (1749-1817), doch bereits der röm. Schriftsteller Plinius (23-79 n. Chr.) gebrauchte den Begriff *galena* für Bleierz. Galenit ist das weitaus wichtigste und häufigste Bleierz und wird durch seine weltweite Verbreitung gleichzeitig zum wichtigsten Silbererz. Verwendung findet Blei vor allem zur Herstellung von Bleiplatten, Bleikabeln, Bleirohren, Munition, Farben (Bleiweiß, Mennige), Antiklopfmitteln im Benzin sowie Bleigläsern (»Kristall«-Glas). Hauptverbraucher aber ist die Akkumulatorenindustrie.

S. 37 o.l.: Galenit
Ramsbeck, Sauerland/BRD; 32 x 47 mm
S. 37 o.r.: Galenit
Ramsbeck, Sauerland/BRD; 24 x 35 mm
S. 37 u.: Galenit
Neudorf, Harz/BRD; 112 x 80 mm

Covellin, Kupferindig CuS

Merkmale: Blauschwarz, gerieben indigoblau oder dunkler; Dichte 4,6 g/cm³; Spaltbarkeit vollkommen nach der Basis; in dünnen Plättchen biegsam. Kristalle sind selten, meist kommt das Mineral derb oder feinkörnig, als Rinde, Belag oder Anflug oder auch pulverig vor, manchmal bildet es grobspätige bis handtellergroße Tafeln.

Wissenswertes: Covellin entsteht in der Oxidationszone von Kupfererzlagerstätten. Er ist gewöhnlich ein Umwandlungsprodukt anderer Kupfererze, besonders von Bornit, Chalkosin und Chalkopyrit, und daher fast immer nur als dünne Haut oder Belag anzutreffen. Sehr gute, große Kristalle kommen aus Sardinien und von Butte, Montana/USA.

S. 39 o.l.: Covellin
Sardinien/Italien; 22 x 33 mm

Millerit, Haarkies NiS

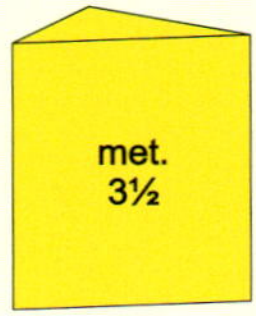

Merkmale: Messinggelb, bräunlich bis schwärzlich mit seidigem Glanz, auch matt und grünlichgrau; Dichte 5,3 g/cm³; Spaltbarkeit vollkommen; kristallisiert nadelig und strahlig, meist in prächtigen Büscheln (Kristalle wie feine, gedrillte Haare erscheinend).

Wissenswertes: Millerit entsteht selten in größeren Mengen und wird meist sekundär in der Zementationszone aus anderen Nickelerzen gebildet. Schöne Kristalle stammen aus dem Siegerland (Wissen, Müsen, Nanzenbach) und den Kohlegruben des Ruhrgebiets (Christian Levin und Zollverein/Essen). Trotz seines hohen Nickelgehalts ist Millerit kein wichtiges Nickelerz, da er zu selten vorkommt.

S.39 o.r.: Millerit
Ramsbeck, Sauerland/BRD; 19 x 28 mm

Pyrrhotin, Magnetkies $Fe_{1-x}S$

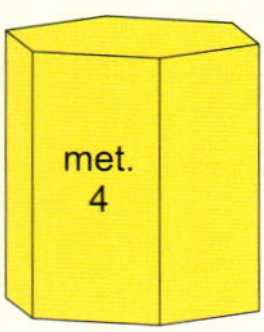

Merkmale: Bronzegelb bis tombakbraun, dunkelbraun anlaufend; Dichte 4,6 g/cm³; Spaltbarkeit gut nach der Basis. Kristalle treten selten auf, die wenigen sind zumeist klein und wenig frisch. Sie bilden flache, sechsseitige Tafeln in rosettenförmiger Anordnung. Meist findet man jedoch nur derbe, körnige, manchmal auch schalige Massen. Sehr oft ist Pyrrhotin stark angewittert oder durch Pyrit oder Galenit pseudomorphisiert.

Wissenswertes: Pyrrhotin ist in allen Tiefengesteinen verbreitet. Er gehört zu den ganz wenigen Mineralien, die magnetisch sind, worauf der deutsche Name Magnetkies hinweist. Wie die Formel $Fe_{1-x}S$ andeutet, gibt es meist einen Fe-Unterschuss bis zur Zusammensetzung $Fe_{11}S_{12}$. Ideales FeS – mit mineralogischem Namen **Troilit** – existiert nur neben gediegen Eisen. Durch Entmischung einer sulfidischen Schmelze von der Silikatschmelze entstanden bedeutende Lagerstätten von Pyrrhotin mit **Pentlandit** $(Ni,Fe)_9S_8$, dem makroskopisch sehr ähnlichen Nickelmineral. Auf diese Weise entstand eine der größten und wirtschaftlich bedeutendsten Sulfidlagerstätten in Sudbury, Ontario/Kanada. Pyrrhotin entsteht auch pegmatitisch-pneumatolytisch (Tunaberg/Schweden), hydrothermal (Freiberg, St. Andreasberg/Sachsen, Kongsberg/Norwegen, manche Siegerländer Gänge), metamorph (Bodenmais/ Bayern), aber nur sehr selten und nur unter stark reduzierenden Bedingungen sedimentär. Die schönsten und größten Einzelkristalle wurden in Trepča/Kosovo und Dal'negorsk/Russland gefunden. Der Name leitet sich vom Griechischen ab und bedeutet feuerfarbig, goldgelb.

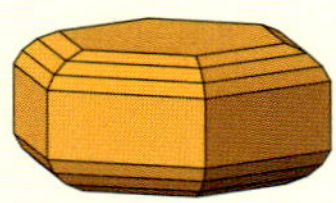

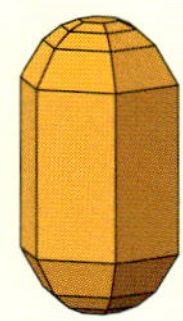

S. 39 u.: Pyrrhotin, Trepča/Kosovo; 80 x 58 mm

Sylvanit, Schrifterz $AgAuTe_4$

Merkmale: Stahlgrau bis silberweiß oder lichtgelb; Dichte 8,0-8,3 g/cm³; Spaltbarkeit vollkommen; Kristalle nur klein (bis etwas über 5 mm) und unterschiedlich in der Ausbildung, normalerweise dicktafelig oder kurzsäulig. Zwillinge (oft Durchdringungszwillinge) sind häufig und bilden baumartige, gestrickte, schriftähnliche Gruppen.

Wissenswertes: Sylvanit kommt in niedrig bis hoch temperierten Gängen vor, besonders schön auf Goldgängen in Rumänien (Nagyág, Offenbánya) in typischer hieroglyphenförmiger Ausbildung (**Schrifterz**). Weitere Vorkommen liegen in Kalifornien und Colorado/USA, Kalgoorlie/Australien sowie Kanada.

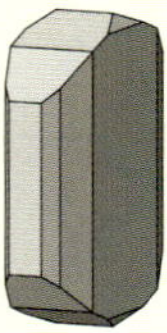

S. 41 o.l.: Sylvanit, Nagyág/Rumänien; 5 x 7 mm

Kermesit Sb_2S_2O

Merkmale: Kirschrot mit violettem Stich, durchscheinend; Dichte 4,7 g/cm³; Spaltbarkeit nach einer Richtung vollkommen; kristallisiert in nadeligen Kristallen, bildet aber auch büschelförmige und radialstrahlige Aggregate oder schalige Massen. Die Kristalle sind sehr biegsam, haken- oder knieförmig, auch schraubenartig; sie lassen sich schneiden.

Wissenswertes: Man findet Kermesit vergesellschaftet mit oder aufgewachsen auf Antimonit, aus dem er durch Oxidation durch den Luftsauerstoff entsteht. Vorkommen liegen z.B. in Bräunsdorf/Sachsen, Pezinok/Tschechien, Pereta in der Toskana/Italien, Djebel Hamimat bei Algier/Algerien. Alte Namen sind auch **Rotspießglanz**, **Pyrostibnit**, **Pyrantimonit** und **Antimonblende**.

S. 41 o.r.: Kermesit mit Antimonit Příbram/Tschechien; 7 x 10 mm

Antimonit, Stibnit, Grauspießglanz Sb_2S_3

Merkmale: Bleigrau, in feinen Fasern und Büscheln auch matt und schwarz, etwas bläulicher als Galenit; Dichte 4,6-4,7 g/cm³; Spaltbarkeit vollkommen parallel zur Längserstreckung. Die Kristalle sind stets prismatisch und stark längs gestreift, oft flächenreich und mechanisch verbogen, spießig oder nadelig. Matt schwarze oder bunte Anlauffarben überdecken häufig den starken Metallglanz.

Wissenswertes: Antimonit wird hauptsächlich auf niedrig temperierten hydrothermalen Gängen zusammen mit Realgar, Auripigment, Cinnabarit und Gold gebildet. Er verwittert oft zu gelbem Antimonocker, einem erdigen Pulver aus verschiedenen Antimonoxiden, oder auch zu Kermesit, seltener zu Valentinit. Industriell wichtige Vorkommen sind in der Slowakei, in Rumänien, Algerien, Südafrika, Bolivien, Mexiko und China. Antimonit wurde immer wieder in riesigen Kristallen gefunden, so z.B. bei Ichinokawa auf der japanischen Insel Shikoku (armdick und meterlang) oder auch in Lešnica in Serbien, wo bis zu 1 m lange Kristalle zutage gefördert wurden. Auch aus der Provinz Hunan in China kommen phantastisch große, hochglänzende Kristalle.

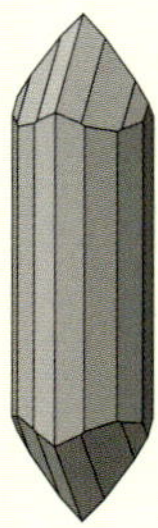

Bei den alten Ägyptern, Griechen und Römern wurde das Mineral in Salben, Schminke, Wimperntuschen und Augenheilmitteln verarbeitet. Das Erz war ein gesuchtes Material der Alchemisten, die es zum Reinigen des Goldes oder zur Herstellung von »Antimonglas« benutzten, das als Abführ- oder Brechmittel diente. Heute ist Antimonit das wichtigste Antimonerz. Antimon wird verwendet als Legierungsbestandteil, zur Imprägnierung und als Entflammungsschutzmittel bei Textilien, als Füllstrich und Farbzusatz des Kautschuks und nicht zuletzt für die Herstellung pharmazeutischer Präparate.

S. 41 u.: Antimonit Kremnica/Slowakei; 110 x 80 mm

Pyrit, Schwefelkies, Eisenkies FeS_2

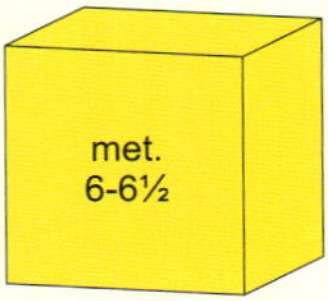

Merkmale: Licht messingfarben, speisgelb, goldgelb, manchmal bunt angelaufen; Dichte 5,0-5,2 g/cm³; Spaltbarkeit undeutlich; muscheliger Bruch, spröde. Pyrit bildet oft große, perfekte Kristalle, die aber auch stark verzerrt sein können. Er ist in über 60 verschiedenen Kristallformen bekannt; am häufigsten tritt der Würfel und das Pentagondodekaeder (Pyritoeder) auf. Die Streifung der Würfelflächen stellt ein typisches Erkennungsmerkmal dar. Die so genannten »Zwillinge des Eisernen Kreuzes« entstehen durch zwei sich durchkreuzende Pentagondodekaeder. Auch kugelige, traubige und nierige Aggregate sowie derbe, körnige und radialstrahlige, faserige Massen sind bekannt. (Die in vielen Sammlungen als radialstrahliger »Markasit« bezeichneten Stufen sind fast ausnahmslos Pyrit.) Manchmal ist Pyrit oberflächlich mit einer rostfarbenen Verwitterungsrinde von Limonit bedeckt. Dieser kann den Pyrit unter Beibehaltung der ursprünglichen Kristallform auch vollständig ersetzen (Pseudomorphose von Limonit nach Pyrit). Auch als Versteinerungsmaterial von Fossilien tritt Pyrit auf.

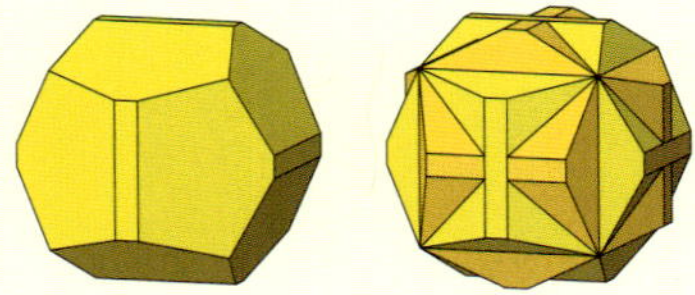

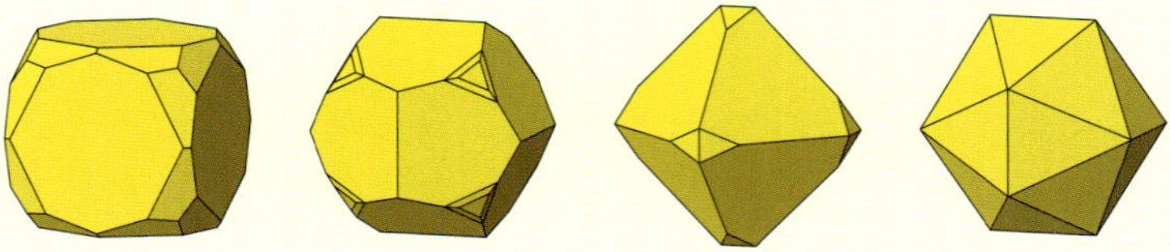

Wissenswertes: Pyrit ist ein typisches sog. Durchläufermineral, d.h., er kann in allen Bereichen der Gesteinsbildung entstehen und bildet zum Teil sehr große Lagerstätten. Er wird gefunden als magmatische Anreicherungen, in niedrig bis hoch temperierten Gängen, in kontaktmetamorphen Erzlagerstätten und metamorphen Sedimenten, in Kohleflözen, Schiefern und Tonen, als Neubildung auch in Thermen. Örtlich kann er durch Goldgehalt zu einem wichtigen Golderz werden, so z.B. auf den Goldhorizonten des Witwatersrand-Konglomerats in Transvaal/Südafrika. Bereits von den Phöniziern wurden die gewaltigen Pyritvorkommen von Rio Tinto, Provinz Huelva/Südspanien wegen ihres Kupfer- und Goldgehalts abgebaut. Auch Gehalte von Nickel, Kobalt, Zink, Silber, Tellur und Arsen konnten nachgewiesen werden. Weitere wichtige Lagerstätten sind Falun/Schweden, Rammelsberg/Harz, Meggen/Westfalen, Waldsassen/Bayern. Ganz besonders schöne Kristalle kommen von Peru, Rio Marina, Elba/Italien (hier immer mit Hämatit vergesellschaftet), Brosso und Traversella in Piemont/Italien und von Kassandra auf Chalkidike/Griechenland. In der Atmosphäre verwittert Pyrit leicht zu braunem Limonit und zu bunt gefärbten, wasserlöslichen Eisensulfaten. Diese stellen dann die mengenmäßig wichtigsten Mineralien des »Eisernen Huts« (⇨S. 26) von Sulfidlagerstätten dar. Wegen dieser Verwitterungsanfälligkeit müssen Natursteine, die in der Bauindustrie verwendet werden, grundsätzlich pyritfrei sein, da sie sich sonst in kurzer Zeit braun färben oder gar zersetzen würden. Pyrit wird verwendet zur Gewinnung von Schwefelsäure, als Polierpulver und für rote und braune Farben. Zudem wird er als Eisenerz abgebaut. Schön gewachsene Pyritkristalle werden heute oft zu Schmuck verarbeitet.

S. 43 o.l.: Pyrit mit Anlauffarben Westfalen/BRD; 9 x 13 mm
S. 43 o.r.: Pyrit, Peru; 30 x 45 mm
S. 43 u.: Pyrit auf Calcit Trepča/Kosovo; 31 x 23 mm

Hauerit MnS_2

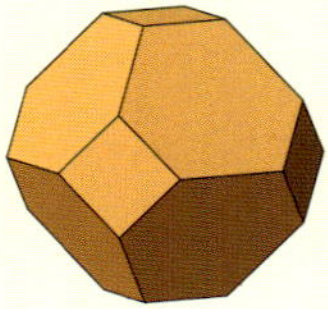

Merkmale: Bräunlich rot; Dichte 3,4-3,5 g/cm^3; Spaltbarkeit vollkommen; Bruch uneben oder muschelig. Die Kristalle sind oktaedrisch oder kubooktaedrisch, das Mineral tritt aber auch in Form von körnigen bis dichten Massen auf.
Wissenswertes: Hauerit kommt eingewachsen in Ton und Gips u.a. bei Banska Bystrica/Slowakei vor (2 cm große Kristalle oder Gruppen sowie kugelige, sternförmige Aggregate). Über 6 cm große Oktaeder fand man in der Schwefelgrube bei Raddusa, Catania/Sizilien.

S. 45 o.l.: Hauerit
Raddusa, Sizilien/Italien; 25 x 37 mm

Cobaltit, Kobaltglanz CoAsS

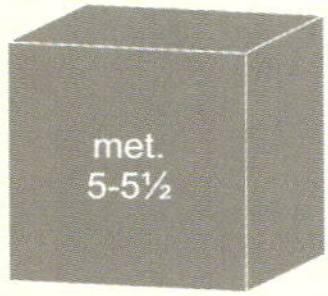

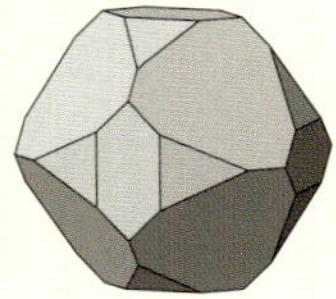

Merkmale: Silberweiß, gewöhnlich rötlich angelaufen; Dichte 6,0-6,4 g/cm^3; Spaltbarkeit vollkommen; unebener oder muscheliger Bruch; abgesehen von der Farbe wie Pyrit (⇨S.42); Streifung auf der Würfelfläche, ansonsten glatt und glänzend.
Wissenswertes: Cobaltit kommt auf hydrothermalen Gängen vor (Ontario/Kanada, Annaberg, Schneeberg, Johanngeorgenstadt, Joachimsthal u. Marienberg/Erzgebirge, Kongsberg/Norwegen) und ist Rohstoff für das Legierungsmetall Kobalt für korrosionsfeste Stähle und blaue Glasurfarben.

S. 45 o.r.: Cobaltit
Tunaberg/Schweden; 10 x 15 mm

Markasit, Speerkies FeS_2

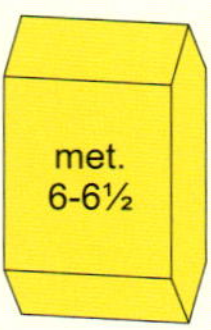

Merkmale: Speisgelb, ins Graue oder Grünliche gehend, leicht anlaufend; Dichte 4,8-4,9 g/cm^3; Spaltbarkeit deutlich; unebener oder muscheliger Bruch, spröde; bildet meist Gruppen auf- und eingewachsener Kristalle, gewöhnlich zu vielen Individuen reihenweise miteinander verbunden, meist hahnenkammartig (**Kammkies**) oder speerspitzig (**Speerkies**). Große Einkristalle sind selten, häufig hingegen nuss- bis kopfgroße Konkretionen (knollenförmige Aggregate, die sich in Sedimenten meist am Grundwasserspiegel bilden). Oft kann man eine bräunliche Verwitterungsrinde beobachten. Beim Anschlagen entwickelt sich Schwefelgeruch und zeigt sich Funkenflug.
Wissenswertes: Markasit kommt wesentlich seltener vor als Pyrit und ist meist bei niedrigen Temperaturen aus sauren, wässrigen Lösungen entstanden, häufig auch in tieftemperierten hydrothermalen Verdrängungslagerstätten in Kalken und Dolomiten (Aachen, Wiesloch/Baden, Bad

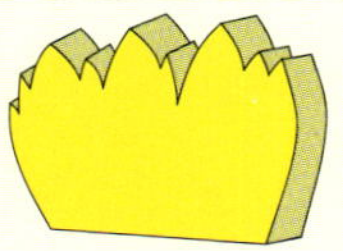

Grund/Harz). Als Konkretionen oder in besonders schönen radialstrahligen, flachen Linsen bildet er sich auch in ehemals schlammigen Sedimenten wie Tonen, Mergeln und Braunkohlen unter Luftabschluss. Außergewöhnlich schöne Markasit-Stufen stammen aus den Gruben Friedrich d. Gr. bei Herne und Christian Levin bei Essen sowie Joplin, Missouri/USA (⇨Abb. S. 27), bis kopfgroße Aggregate kommen aus der Kreide des Pariser Beckens.
Oberhalb 400° C wandelt sich Markasit in Pyrit um. Bei normalen Temperaturen zersetzt er sich an feuchter Luft allmählich zu Limonit und schwefliger Säure und zerstört damit nicht nur sich selbst, sondern durch die Säure auch Sammlungskästen und -schränke. Aus demselben Grund sind Markasite in Natursteinen für Bauzwecke ein noch gefährlicherer Gemengteil als Pyrit.

S. 45 u.: Markasit
Grube Christian Levin, Essen/BRD; 28 x 20 mm

Ullmannit $NiSbS$

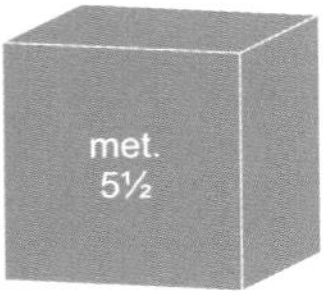

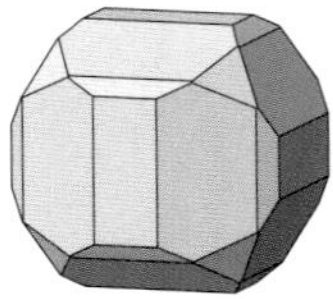

Merkmale: Bleigrau, zinnweiß, bunt anlaufend; Dichte 6,7 g/cm³; Spaltbarkeit vollkommen; unebener Bruch, spröde; Kristalle selten, stets würfelig, zuweilen mit pyritähnlicher Flächenstreifung auf den Würfelflächen, Zwillingsbildungen sehr selten. Meist findet man Ullmannit nur in körnigen Aggregaten und derben Massen.

Wissenswertes: Das Mineral kommt in hydrothermalen Gängen vor, z.B. in Harzgerode/Harz, im Siegerland und – in besonders schönen Kristallen – in Monte Narba bei Sarrabus, Sardinien/Italien sowie in Ramsbeck/Sauerland.

S. 47 o.l.: Ullmannit
Ramsbeck, Sauerland/BRD; 20 x 28 mm

Molybdänit MoS_2

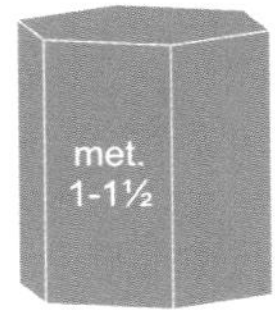

Merkmale: Bleigrau, violettgrau; Dichte 4,5-4,8 g/cm³; Spaltbarkeit vollkommen nach der Basis; Strichfarbe lauchgrün (wichtiger Unterschied zum Graphit); 6-seitige Tafeln, selten Säulen, Prismen stets stark gestreift, schuppige und feinkörnige Aggregate; fühlt sich fettig an und färbt grau ab; dünne Plättchen oft enorm verbogen.

Wissenswertes: Schöne Kristalle von Molybdänit (der auch **Molybdänglanz** genannt wird) kommen aus dem Erzgebirge, von Norwegen, Namibia und Australien. Die Climax-Mine, Colorado/USA war lange Zeit der wichtigste Produzent für diesen Rohstoff zur Herstellung hitzebeständiger Schmiermittel.

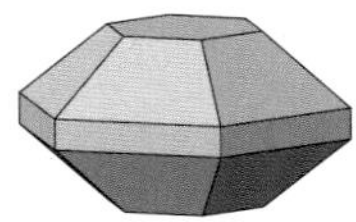

S. 47 o.r.: Molybdänit auf Rauchquarz
Kingsgate, Queensland/Australien; 25 x 35 mm

Arsenopyrit, Arsenkies $FeAsS$

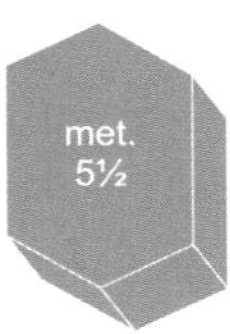

Merkmale: Silberweiß oder zinngrau bis stahlgrau; Dichte 5,9-6,2 g/cm³; Spaltbarkeit deutlich; unebener Bruch, spröde. Obwohl streng genommen monoklin kristallisierend, zeigen sich gut ausgebildete Arsenopyrite ihrer Gestalt nach ausgesprochen pseudorhombisch. Die Individuen sind meist kurzsäulig. Besonders typisch und daher ein gutes diagnostisches Hilfsmittel ist eine grobe Flächenstreifung. Zwillinge und Drillinge findet man häufig, dabei sind die Kristalle unter einem Winkel von ca. 60° miteinander verwachsen und bilden x-förmige Durchdringungszwillinge oder charakteristische 6-strahlige Sternchen. Oft kommt Arsenopyrit aber auch grobstrahlig, feinfaserig, nierig oder körnig vor, zum Teil in orientierter Verwachsung mit Pyrit. Beim Anschlagen entstehen Funken und Arsengeruch.

Wissenswertes: Als Durchläufermineral (⇨Pyrit, S. 42) kommt Arsenopyrit als wichtigster Arsenträger in vielen verschiedenen Lagerstättentypen vor, meist in mittel- bis hoch temperierten Gängen, in kontaktmetasomatischen Lagerstätten und metamorphen Gesteinen, selten in Pegmatiten, so auf den Zinnerzgängen des Erzgebirges, in Cornwall/England, auf zahlreichen Goldquarzgängen und Silbererzgängen. Da Arsenopyrit oft Gold- und Silbergehalte aufweist, wird er in manchen Lagerstätten zum wichtigen Rohstoff für diese Metalle. Ansonsten ist er Arsenrohstoff; die aus ihm gewonnene arsenige Säure ist die Grundlage von Schädlingsbekämpfungsmitteln. Des weiteren benutzt man Arsen zum Härten von Schrot und Blei sowie für medizinische Zwecke.

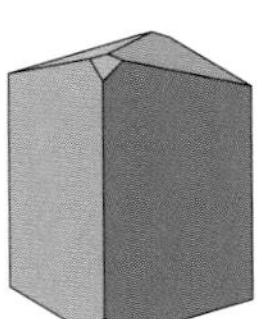

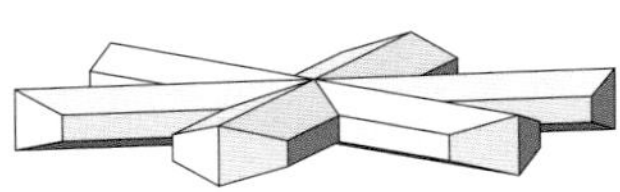

S. 47 u.: Arsenopyrit, Trepča/Kosovo; 24 x 17 mm

Pyrargyrit Ag_3SbS_3

Merkmale: Dunkelrot bis grauschwarz, in dünnen Kristallen rot durchscheinend; Dichte 5,9 g/cm³; Spaltbarkeit deutlich; Kristalle meist sehr flächenreich, regelmäßig, säulig, prismatisch, stets aufgewachsen. Typisch ist die verschiedenartige Ausbildung der Endflächen: ein Ende wirkt spitzer, das andere stumpf (Hemimorphie). Zwillingsbildung kommt häufig vor.

Wissenswertes: Pyrargyrit (**Dunkles Rotgültigerz**) entsteht in mittel- bis niedrig temperierten hydrothermalen Gängen (Mexiko, Peru, Bolivien). Die wohl schönsten Kristalle kommen von St. Andreasberg/Harz. Er ist dem Proustit sehr ähnlich, aber dunkler.

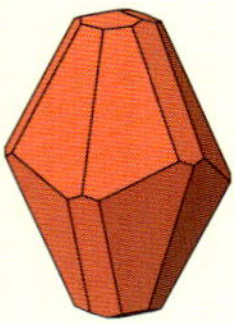

S. 49 o.l.: Pyrargyrit
St. Andreasberg, Harz/BRD; 30 x 40 mm

Skutterudit $CoAs_3$

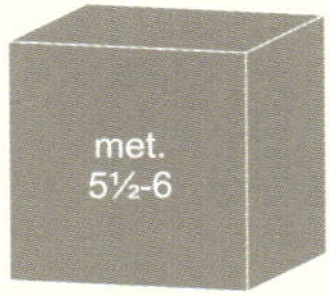

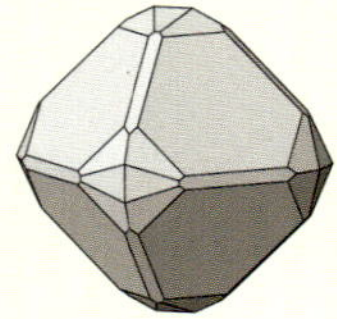

Merkmale: Zinnweiß, manchmal bunt angelaufen; Dichte 6,8 g/cm³; Spaltbarkeit deutlich; unebener oder muscheliger Bruch; würfelförmig, meist aufgewachsen, auch derb.

Wissenswertes: Skutterudit (auch **Speiskobalt, Smaltin**) findet sich in mittel- bis hoch temperierten hydrothermalen Gängen neben gediegen Silber und Wismut. Er verwittert zu roter Kobaltblüte (Erythrin, gutes diagnostisches Merkmal). Vorkommen sind im Cobalt-District in Ontario/Kanada, Erzgebirge, Wittichen/Schwarzwald, Nieder-Ramstadt bei Darmstadt.

S. 49 o.r.: Skutterudit
St. Andreasberg, Harz/BRD; 8 x 11 mm

Proustit, Lichtes Rotgültigerz Ag_3AsS_3

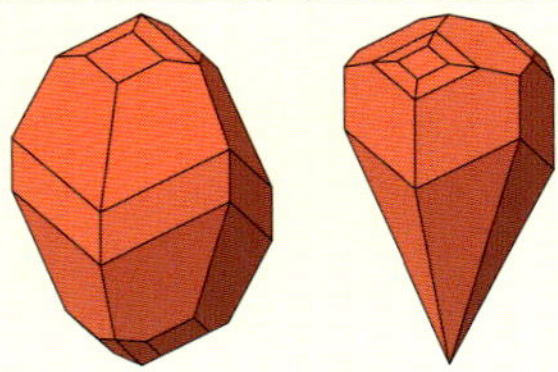

Merkmale: Schwarz oder grauschwarz, in dünnen Kristallen nahezu zinnoberrot; Dichte 5,7 g/cm³; Spaltbarkeit deutlich; Bruch muschelig, etwas spröde; bildet flächenreiche Kristalle, oft Zwillinge; kommt auch derb, eingesprengt, als Anflug und dendritisch vor; zuweilen durch Silberglanz und Silber pseudomorphisiert; läuft unter Lichteinwirkung matt schwarz an und wird unscheinbar.

Wissenswertes: Proustit entsteht in niedrig temperierten hydrothermalen Gängen und ist meist vergesellschaftet mit Pyrargyrit, Silber, Galenit, Pyrit, Calcit, Dolomit und Quarz (Sainte-Marie-aux-Mines/Elsass, Oberschlema bei Schneeberg und Joachimsthal/Erzgebirge sowie Wittichen/Schwarzwald). Die schönsten Kristalle (bis zu 10 cm Größe) kamen von der Grube Himmelsfürst, Freiberg/Sachsen und von Chañarcillo/Chile. Proustit ist lokal ein wichtiges Silbererz.

Proustit und Pyrargyrit sind sich in nahezu allen Eigenschaften so ähnlich, dass eine eindeutige Unterscheidung oft nur schwer möglich ist. Proustit-Kristalle sind jedoch häufiger skalenoedrisch ausgebildet, weniger flächenreich und oft etwas heller rot, vor allem in der Farbe des Strichs. Daher rührt der alte Bergmannsname Lichtes Rotgültigerz im Gegensatz zur Bezeichnung Dunkles Rotgültigerz für Pyrargyrit. Mit mehr als 80 bekannten Flächenformen und zahlreichen Zwillingsgesetzen gehören die Rotgültigerze zu den flächenreichsten Mineralien überhaupt. Dies und ihre Attraktivität und Seltenheit machen sie zu begehrten Sammelobjekten.

S. 49 u.: Proustit
St. Andreasberg, Harz/BRD; 9 x 6 mm

Stephanit, Sprödglaserz Ag_5SbS_2

Merkmale: Eisenschwarz, durch Anlaufen matt schwarz; Dichte 6,2-6,3 g/cm³; Spaltbarkeit undeutlich; muscheliger Bruch. Stephanit kristallisiert sehr formenreich in pseudohexagonalen, kurzsäuligen, manchmal nach der Basis tafeligen, oft rosetten- oder treppenartig gruppierten Kristallen. Zwillingsbildung ist häufig. Am gewöhnlichsten sind pseudohexagonale Durchdringungszwillinge und -drillinge.

Wissenswertes: Stephanit findet sich auf Silberlagerstätten, vergesellschaftet mit gediegen Silber, weiteren Silbermineralien, Tetraedrit und anderen Sulfiden. In Comstock Lode/Nevada bildet er in sehr großen derben Massen ein wichtiges Silbererz. Ausgezeichnete Kristalle wurden in Zacatecas und Guanajuato/Mexiko gefunden. Auch von St. Andreasberg/Harz (hier viele Zwillingsbildungen), Freiberg/Sachsen, Sarabus/Sardinien und Peru ist er bekannt.

Seinen Namen erhielt das Mineral zu Ehren des Erzherzogs Stephan von Österreich, der eine der berühmtesten Mineraliensammlungen überhaupt besaß. Stephanit gehört zu den edlen Erzen, die schon von den Bergleuten des Mittelalters wegen ihres hohen Silbergehalts geschätzt wurden. Der Humanist und Naturforscher Agricola (1494-1555) nennt es »Gediegen Schwarz Erz«, bei den ungarischen Bergleuten heißt es »Röschgewächs« (im Gegensatz zum »Weichgewächs« Argentit), bei den sächsischen Bergleuten »Spröd-Glaserz«.

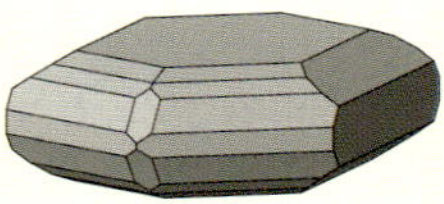

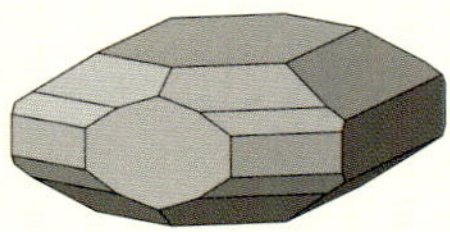

S. 51 o.: Stephanit Grube Himmelsfürst, Freiberg, Sachsen/BRD; 39 x 27 mm

Bournonit, Rädelerz $PbCuSbS_3$

Merkmale: Stahl- bis bleigrau sowie eisenschwarz; Dichte 5,7-5,9 g/cm³; Spaltbarkeit undeutlich; Bruch muschelig. Bournonit kristallisiert pseudotetragonal in schönen, glänzenden, flächenreichen Kristallen, kurzsäulig oder nach der Basis dicktafelig, die Kristalle sind an ihrem Rand meißelartig begrenzt. Auch derbe, körnige bis ganz dichte Aggregate kommen vor. Typisch sind tafelige Zwillingsstöcke, deren einspringende Winkel an Zahnräder erinnern (daher der alte deutsche Name Rädelerz).

Wissenswertes: Das zu Ehren des französischen Kristallographen Graf Bournon benannte Mineral entsteht hauptsächlich in mitteltemperierten hydrothermalen Gängen und ist dort vergesellschaftet mit Galenit, Sphalerit, Antimonit, Chalkopyrit, Tetraedrit, Siderit und Quarz. Es tritt in Kristallen oder größeren Massen auf, aber auch in mikroskopischer Verbreitung. Zahlreiche Stufen mit hervorragenden Kristallen auf hellbraunem Siderit wurden im Gangrevier um Horhausen/Westerwald gefunden. Prachtvolle Kristalle stammen von Clausthal, Neudorf und Wolfsberg im Harz; auch von Bräunsdorf/Sachsen, Baia Sprie/Rumänien, Příbram/Tschechien (hier wurde Bournonit früher oft mit Stephanit verwechselt), Hüttenberg/Kärnten, Cornwall/England, Spanien, Frankreich, Mexiko, Bolivien, Chile und Peru ist er bekannt. Schöne, große Kristalle kommen neuerdings auch von Hunan/China.

Bournonit ist ein wichtiges Blei- und Kupfererz und wird auch zur Antimongewinnung herangezogen.

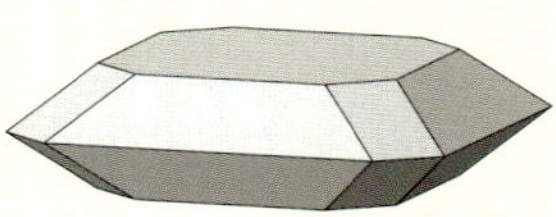

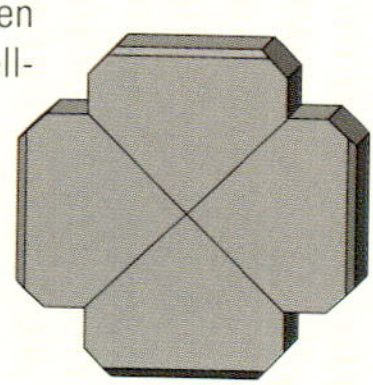

S. 51 u.: Bournonit Příbram/Tschechien; 38 x 27 mm

Auripigment As_2S_3

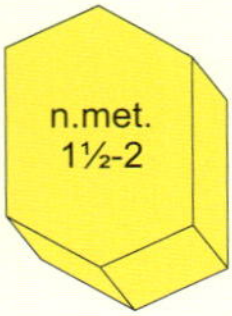

Merkmale: Zitronengelb; Dichte 3,5 g/cm³; Spaltbarkeit glimmerartig vollkommen; Kristalle selten, meist klein, oft linsenförmig, oval; kommt auch grobspätig, breitstängelig, radial, nierig und in mehligen Überzügen vor. Typisch sind blättrige Aggregate, die einzelnen Spaltplättchen lassen sich biegen.

Wissenswertes: Auripigment entsteht hauptsächlich durch Zersetzung von Realgar oder anderen Arsenmineralien. Er kommt in niedrig temperierten hydrothermalen Gängen vor; künstlich entsteht er auch als Hüttenprodukt. Schöne Kristalle kommen vom Binntal/Schweiz, aus Makedonien und in sehr guter Qualität aus China und neuerdings aus den USA.

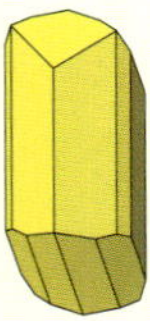

S. 53 o.l.: Auripigment
Binntal/Schweiz; 8 x 11 mm

Realgar AsS

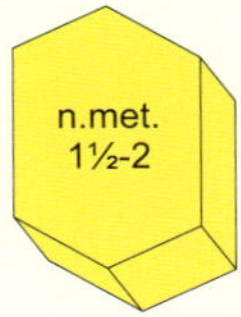

Merkmale: Orangerot; Dichte 3,5-3,6 g/cm³; Spaltbarkeit undeutlich; Kristalle häufig prismatisch und auf den Prismenflächen längsgestreift; tritt meist derb, feinkörnig, als zinnoberroter Belag auf.

Wissenswertes: Realgar kommt hauptsächlich in niedrig temperierten hydrothermalen Gängen vor, vergesellschaftet mit Auripigment und Antimonit; seltener ist er Sublimationsprodukt von Vulkanen (Solfataren) und heißen Quellen. Besonders schöne Kristalle stammen aus dem Binntal/Schweiz, aus Rumänien, Makedonien, Nevada und in ganz hervorragender Qualität aus China. Im Tageslicht wird Realgar in ein gelbes, erdiges Pulver umgewandelt.

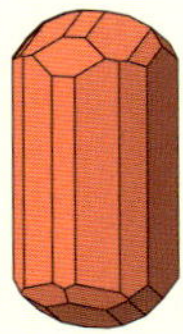

S. 53 o.r.: Realgar
Türkei; 12 x 17 mm

Boulangerit $Pb_5Sb_4S_{11}$

Merkmale: Matt bleigrau, in feinfaserigen Aggregaten vielfach matt seidenartig schimmernd, oft mit gelben Oxidationshäutchen bedeckt; Dichte 5,8-6,2 g/cm³; Spaltbarkeit gut. Schöne Kristalle sind sehr selten, meist tritt das Mineral feinkörnig bis feinfaserig, derb und in dichten Massen, manchmal in tafeligen, gewöhnlich aber prismatischen, stark vertikal gestreiften Kristallen auf oder ist stängelig und filzig (ähnlich dem Federerz). Eine kristallographische Besonderheit sind perfekte Ringe aus dünnsten gebogenen Boulangerit-Fasern.

Wissenswertes: Boulangerit wird in niedrig bis mitteltemperierten hydrothermalen Gängen gebildet, wo er vergesellschaftet ist mit **Jamesonit** ($Pb_4FeSb_6S_{14}$), von dem er makroskopisch kaum zu unterscheiden ist, sowie mit Bleisulfaten, Sulfiden, Carbonaten und Quarz. Er kommt viel häufiger vor als früher angenommen, man findet ihn, wenn auch oft nur in geringen Mengen, auf den meisten Bleierzlagerstätten. Der haarförmige **Plumosit** von Trepča/Kosovo ist Boulangerit. Als **Federerz** und **Zundererz** werden manchmal verfilzte Massen von Antimonit, Boulangerit, Jamesonit und anderen Mineralien bezeichnet. Das älteste bekannte Vorkommen ist Molières/Frankreich; hier wurden reichlich kristalline Massen mit faserigem Bruch gefunden. Feine Nadeln, die stellenweise verfilzte Aggregate oder feste Knoten bilden, stammten von Altenberg in Sachsen. Auch aus anderen Gebieten kamen größere Mengen von Boulangerit, so zum Beispiel von den Gruben Louise, Georg und Silberwiese bei Horhausen im Westerwald, aus Wolfsberg im Harz und besonders von Ramsbeck im Sauerland. Auch von Příbram/Tschechien, Nasafjeld, Sala, und Boliden/Schweden, Nagolny Kriash, Donezbecken und Nertschinsk, Ural/Russland ist Boulangerit bekannt. Wirtschaftlich ist er lediglich regional als Blei- und Antimonerz wichtig, wie zum Beispiel früher bei Molières.

S. 53 u.: Boulangerit
Ramsbeck, Sauerland/BRD; 28 x 20 mm

III. Halogenide und verwandte Verbindungen

Halogenide sind Verbindungen von Elementen der 7. Hauptgruppe des Periodensystems, der »Halogene« (Salzbildner) Fluor, Chlor, Brom und Jod, mit Metallen, meist solchen der 1. oder 2. Hauptgruppe. Sie zeichnen sich in der Regel durch salzigen oder bitteren Geschmack, gute Wasserlöslichkeit, die elektrische Leitfähigkeit ihrer wässrigen Lösung, einen relativ hohen Schmelzpunkt, nichtmetallisches Aussehen und vollkommene Spaltbarkeit aus. Die von Natur aus meist farblosen Kristalle sind oft durch Spurenelemente oder durch die Einwirkung natürlicher radioaktiver Strahlung intensiv gefärbt.

Halogenide finden sich häufig in gelöster Form im Meerwasser. Im Laufe der Erdgeschichte wurden Meeresbuchten abgeschnitten (Lagunen), ihr Wasser dampfte ein. Dabei blieben mächtige Verdunstungsrückstände, als Gesteine »Evaporite« genannt, zurück, in denen die Halogenide mit den ebenfalls leicht löslichen Sulfaten Gips und Anhydrit vergesellschaftet sind. Einige Halogenide (Fluorit, Kryolith) entstanden hydrothermal oder pegmatitisch, andere als Sublimationsprodukte vulkanischer Dämpfe.

Fluorit auf Orthoklas

Halit, Steinsalz $NaCl$

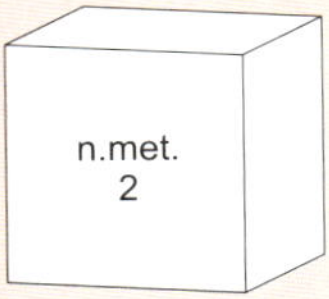

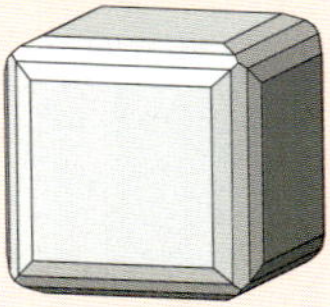

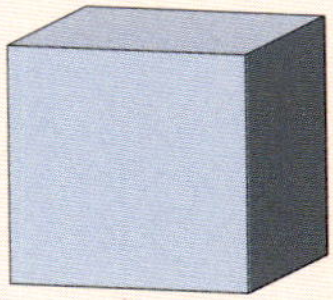

Merkmale: In reiner Form farblos, durch Verunreinigungen rot, gelb (Eisenoxide) oder grau (Bitumen, Ton) getönt; blauer bis violetter Halit mit oft ungleichmäßiger Farbverteilung durch radioaktive Bestrahlung gefärbt; Dichte 2,1-2,2 g/cm^3; Spaltbarkeit vollkommen nach dem Würfel; muscheliger Bruch, etwas spröde. Halit bildet große Kristalle. Als Flächenformen kommen fast nur Würfel vor, die öfter verzerrt sind und gerundete Flächen haben, selten Oktaeder und Rhombendodekaeder; auch skelettförmige Ausbildungen wurden gefunden. Die Kristalle sind aufgewachsen in Drusen und Klüften, selten eingewachsen in Ton und Anhydrit. Auch derb in körnigen und faserigen Aggregaten, als haarförmige Ausblühungen und als Stalaktiten kommt das Mineral vor. Pseudomorphosen von Gips und Ton nach Halit sind bekannt. Halit ist leicht löslich in Wasser, eine gesättigte Sole enthält 35,9 % NaCl, in 1 Liter Meerwasser sind im Durchschnitt 27 g NaCl gelöst. Ein untrügliches Erkennungsmerkmal stellt der Geschmack dar.

Wissenswertes: Halit ist das wichtigste Mineral in Evaporiten, die durch Eindunsten von Lösungen zum Beispiel in Lagunen gebildet werden. Dabei werden, streng nach der Löslichkeit, zuerst Calcit, Gips und Anhydrit ausgefällt, dann die leicht löslichen Salze Halit und Sylvin. Das tote Meer ist ein »lebendes Beispiel« für ein solches eindampfendes Salzgewässer. Auf diese Weise entstanden vor 275 bis 225 Millionen Jahren im heutigen Nordwestdeutschland große Lagerstätten. Nachdem mächtige Schichten neuer Sedimente auf den ausgeschiedenen Salzen abgelagert worden waren, fing das spezifisch leichte und plastisch verformbare Salz an, im Gestein aufzusteigen und bildete die so genannten Diapire oder Salzdome. Ähnlich entstandene Lagerstätten gibt es in Texas, Kanada, Russland, im Salzkammergut/Österreich, in Friedrichshall und Heilbronn/Württemberg und an vielen anderen Orten. Riesige Kristallwürfel von über 1 Kubikmeter sind aus dem oberen Allertal und von Detroit/USA bekannt. Bemerkenswerte violette bis blaue Würfel mit über 50 cm Kantenlänge stammen unter anderem aus dem nord- und mitteldeutschen Bereich. Durch Ausblühung des Bodens in Steppen und Wüsten und am Rand von Salzseen entsteht das so genannte Steppen- und Wüstensalz. Häufig wird Halit auch als Sublimationsprodukt an Vulkanen beobachtet (Vesuv, Ätna/Italien).

Salz ist als Genussmittel und Handelsware seit Urzeiten bekannt und gilt bei fast allen Völkern als Symbol für Sitte, Treue und Gastlichkeit. Es war wohl das erste Mineral, das bergmännisch abgebaut wurde, so bereits während der Bronzezeit in Hallstatt im Salzkammergut/Österreich. Kochsalz stellt einen wichtigen und unentbehrlichen Zusatz zu Nahrungsmitteln dar. Seine Aufnahme ist aus physiologischen Gründen notwendig, denn es dient der Regulierung des osmotischen Drucks des Blutes. Mehr als die Hälfte des geförderten Steinsalzes geht heute in die chemische Industrie, wo es zur Herstellung von Soda, Ätznatron, Salzsäure usw. Verwendung findet. Es ist außerdem einzig bedeutender Rohstoff für die Gewinnung von Chlor, das Bestandteil chlorierter Kohlenwasserstoffe und zahlreicher Kunststoffe (z.B. PVC = Poly-Vinyl-Chlorid) ist. Die größten Produzenten sind die USA, China, Russland und Deutschland. Untertage werden durch den Ausbau des Salzes gigantische Hohlräume geschaffen, die – im Gegensatz zu den meisten Erzgruben – sehr trocken und stabil sind und daher als Lagerräume für Problemabfälle wie radioaktiven Müll dienen.

S. 57 o.l.: Steinsalz
Heringen, Werra/BRD; 90 x 120 mm
S. 57 o.r.: Steinsalz, radioaktiv verfärbt
Heringen, Werra/BRD; 80 x 110 mm
S. 57 u.: Steinsalz
Neuhof-Ellers, Fulda/BRD; 110 x 80 mm

Pachnolith $NaCaAlF_6 \cdot H_2O$

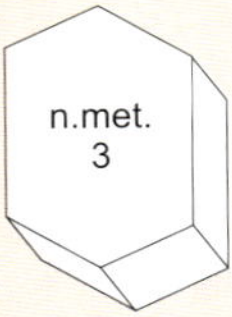

Merkmale: Farblos, weingelb; Dichte 2,9-3,0 g/cm³; Spaltbarkeit deutlich; unebener Bruch, spröde; Kristalle dünn prismatisch, fast stets pseudorhombische Zwillinge, auch grob- bis feinkörnig, achatartig dichte, stalaktitische Massen.

Wissenswertes: Pachnolith kommt als Zersetzungsprodukt von Kryolith in Ivigtut/Grönland vor, ebenso in Drusenräumen einiger Granite. Er ist vergesellschaftet mit dem chemisch identischen **Thomsenolith**, der eine geringfügig unterschiedliche Kristallstruktur besitzt, aber dem Pachnolith in allen anderen Eigenschaften sehr ähnlich ist.

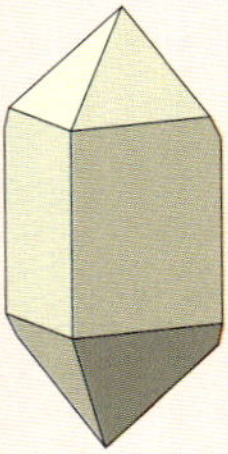

S. 59 o.l.: Pachnolith
Ivigtut/Grönland; 15 x 21 mm

Kryolith Na_3AlF_6

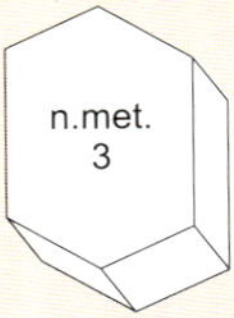

Merkmale: Wasserhell oder schneeweiß; Dichte 3,0 g/cm³; Spaltbarkeit gut; Kristalle pseudowürfelig, meist grobspätige Aggregate.

Wissenswertes: Der monokline, trübe Kryolith geht oberhalb etwa 560° C in seine klare kubische Modifikation über, die Trübung verschwindet. Kryolith ist ein typisch pegmatitisches Mineral. Er ist außerordentlich selten, kam aber in großen Mengen in der einzigen abbaubaren Lagerstätte bei Ivigtut/Westgrönland vor. Heute wird er synthetisch aus Fluorit gewonnen. Er ist ein wesentlicher Zuschlagstoff für die Schmelzpunkterniedrigung bei der Aluminiumgewinnung.

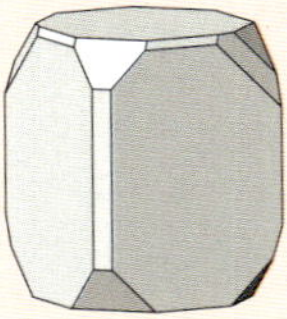

S. 59 o.r.: Kryolith
Ivigtut/Grönland; 70 x 95 mm

Sylvin KCl

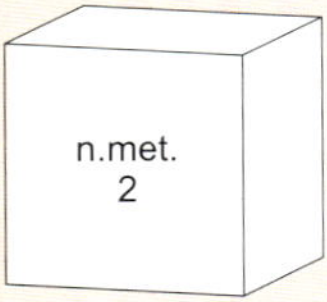

Merkmale: Chemisch rein ist Sylvin farblos, durch Verunreinigungen rötlich, gelblich, selten blau; Dichte 2,0 g/cm³; Spaltbarkeit vollkommen nach dem Würfel; typische Kristallformen sind Kombinationen von Würfel und Oktaeder (Kubooktaeder). Die Kristalle sitzen oft in Drusen auf; auch körnige, spätige, selten stängelige Aggregate sind bekannt. Sylvin hat einen unangenehmen bittersalzigen Geschmack. Da er dem Halit (⇨ S. 56) zum Verwechseln ähnlich sieht, ist die rotviolette Färbung der nicht leuchtenden Bunsenbrennerflamme ein eindeutiges Erkennungsmerkmal. Die Kristalle nehmen Wasser aus der Luft auf und zerfließen, wenn man sie nicht geschützt aufbewahrt.

Wissenswertes: Sylvin entstand wie Halit in größeren Massen bei der Eindunstung von Lagunen, ist jedoch viel seltener als dieser und durchaus nicht in allen Salzlagerstätten vorhanden. Nur in untergeordneten Mengen wird er auch als Sublimationsprodukt von Vulkanen (Ätna, Vesuv/Italien), als Bodenausblühungen und am Rand von Steppenseen gebildet.

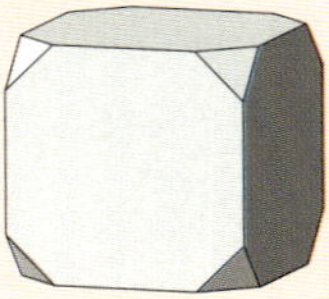

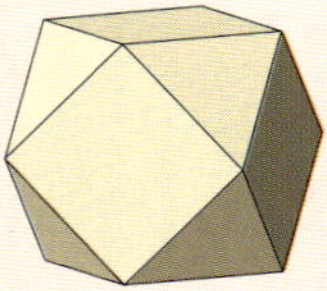

Sylvin ist ein bedeutender Bestandteil der früher ungeliebten Abraumsalze, die meist die oberste Schicht von Steinsalzlagerstätten bilden und »abgeräumt« werden mussten, ehe das begehrte Steinsalz erreicht wurde. Heute ist Sylvin ein unentbehrlicher Rohstoff für die in der Landwirtschaft benötigten Kalidünger und wird in riesigen Mengen auf den norddeutschen Kalisalzlagerstätten abgebaut. Mit den Überschüssen werden unnötigerweise Seen und Flüsse belastet.

S. 59 u.: Sylvin
Wathlingen bei Celle/BRD; 25 x 18 mm

Fluorit, Flussspat CaF_2

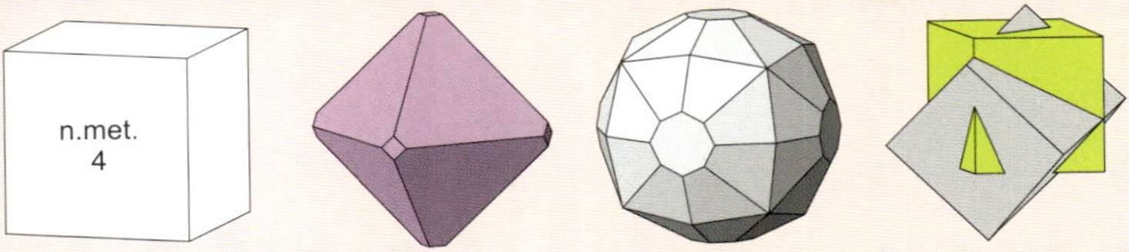

Merkmale: Klar und farblos, meist aber gefärbt (weiß bis grau oder braun, wein- bis honiggelb, lauch- und smaragdgrün, himmelblau, grünlich blau, violettblau bis tiefviolett, seltener rot, rosen- bis karminrot); Dichte 3,1-3,2 g/cm³; Spaltbarkeit vollkommen nach dem Oktaeder (manchmal sind aus diesem Grund die Würfelecken abgebrochen). Die Kristalle sind oft ideal ausgebildet, wobei der Würfel die häufigste Kristallform darstellt, aber auch Kombinationen von Würfel mit Oktaeder oder Rhombendodekaeder treten auf und zuweilen komplizierte, sehr flächenreiche Kristalle. Ebenso findet man Fluorit in grobkristallinen bis völlig dichten, chalcedonartigen und manchmal achatartig gebänderten Aggregaten, selten stängelig und erdig. Man kann häufig eine Zonierung der Kristalle beobachten, wobei Kern und Hülle oder verschiedene Ecken unterschiedlich gefärbt sind.

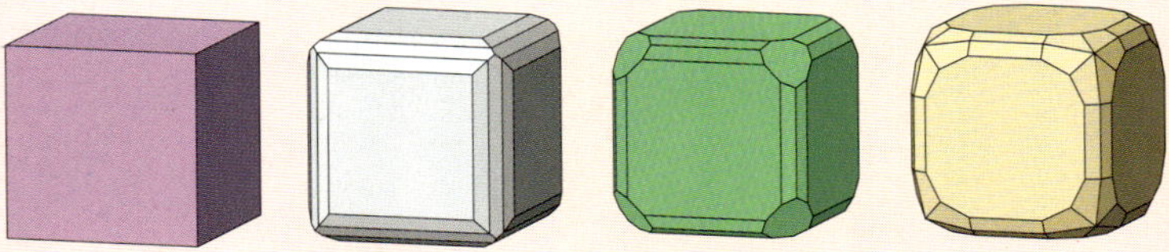

Wissenswertes: Fluorit entsteht hauptsächlich pegmatitisch-pneumatolytisch neben Zinnerzen, in hydrothermalen Gängen oder kontaktmetasomatisch. In Deutschland wurden Fluoritgänge im Harz, im Schwarzwald (Grube Clara), in Nabburg-Wölsendorf/Oberpfalz und in Thüringen abgebaut. Sehr schöne dunkelblaue bis tiefviolette, grüne und weiße Kristalle, teilweise mit regelmäßig verteilten blauen Flecken, kamen aus Ehrenfriedersdorf und Altenberg in Sachsen und Strzegom (Striegau)/Polen (Abb. ⇨ S. 55). Von Derbyshire und Durham in England sind schöne Durchdringungszwillinge bekannt. Wirtschaftlich bedeutende Vorkommen liegen in Illinois und Kentucky/USA. Weitere Fundorte sind Elmwood, Tennessee/USA und Dal'negorsk/Russland (hervorragende Kristalle). Große Mengen des Minerals kommen auch aus Hunan/China. Die schönen Fluorite aus Cumberland zeigen ein Farbspiel von Amethystfarben oder Blau im auffallenden Licht und Rosa oder Grün im durchfallenden Licht. Bei Bestrahlung mit kurz- und langwelligem UV-Licht fluoresziert Fluorit. Schlägt man den tiefvioletten Fluorit von Wölsendorf an, ist der Geruch nach elementarem Fluor wahrnehmbar, weshalb diese Stücke auch als »Stinkspat« bezeichnet werden. Das Phänomen rührt daher, dass bei dieser Varietät Spuren von radioaktiven Elementen im Kristallgitter dieses mit der Zeit zerstören und dabei Fluor freisetzen.

Schon früh wurde das Mineral als Zuschlag (Flussmittel) zum Ausschmelzen der Metalle aus ihren Erzen verwendet. Noch heute benutzt man es für den gleichen Zweck bei metallurgischen Prozessen, zur Erzeugung von Flusssäure, bei der Emaille- und Glasfabrikation und zur Herabsetzung der Garbrandtemperaturen bei Zement. Reinste farblose Kristalle werden zu Prismen und Linsen für die optische Industrie verschliffen.

S. 61 o.: Fluorit auf Aragonit
Guadalupe Mine, Durango/Mexiko; 55 x 40 mm
S. 61 u.: Fluorit, Weardale/England; 50 x 35 mm

IV. Oxide und Hydroxide

Oxide sind Verbindungen des Sauerstoffs mit anderen Elementen. Unsere Erdkruste besteht zu etwa 53% aus Sauerstoff, ihrem häufigsten Element. Dabei ist das Sauerstoffatom gegenüber den kleineren Metallionen vergleichsweise groß. Im Prinzip kann man die gesamte Erdkruste als eine Ansammlung von Sauerstoffkugeln betrachten, in deren Zwickel die anderen Elemente angeordnet sind. Von der mengenmäßig wichtigsten Sauerstoffverbindung, dem Siliziumdioxid oder Quarz (SiO_2), leitet sich formal die bedeutendste Mineralgruppe, die der Silikate, ab (⇨ S. 130).
In den Hydroxiden können Sauerstoffatome durch Hydroxidgruppen ersetzt sein. Die Verbindungen dieser Klasse haben kaum charakteristische gemeinsame Merkmale. Oxide reichern sich naturgemäß dort an, wo Elemente oder Verbindungen mit Luftsauerstoff in Berührung kommen. Sedimente enthalten Eisen oft in Form von Hydroxiden, durch Metamorphose entstehen daraus die Eisenoxide Hämatit und Magnetit, die bedeutendsten Stahlrohstoffe. Ein natürliches Oxid ist auch H_2O, das vier Fünftel der Erdoberfläche bedeckt und als Eis im Grunde zu den Mineralien gehört.

Zepterquarz

Cuprit, Rotkupfererz Cu_2O

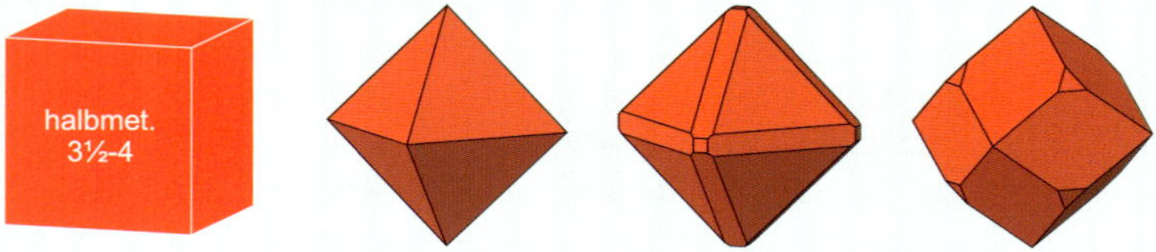

Merkmale: Rotbraun bis metallisch grau, Kristalle auch blutrot; Dichte 6,2 g/cm³; Spaltbarkeit deutlich nach dem Oktaeder; kristallisiert meist in Würfeln, Rhombendodekaedern, Oktaedern oder deren Kombinationen, auch als nadel- bis haarförmige **Kupferblüte** oder **Chalkotrichit** sowie in körnigen oder blättrigen Aggregaten und erdigen Massen; häufig von grünem Malachit überkrustet; derbes Material oft mit anderen Erzen vermengt.

Wissenswertes: Cuprit bildet sich an der Grenze zwischen Zementations- und Oxidationszone als Umwandlungsprodukt von reichen Kupfererzen und wird dabei häufig begleitet von gediegen Kupfer, Azurit und Malachit. Vermengt mit Limonit ist er auch oft ein Verwitterungsprodukt von Kupferkies. Lagerstätten sind weltweit verbreitet. Schöne Kristalle kommen z.B. aus dem Siegerland, von Cornwall/England, aus Bisbee in Arizona/USA, Tsumeb/Namibia, Chessy bei Lyon/Frankreich, Rudabánya/Ungarn, Shaba/Zaire. In Onganja/Namibia wurden 1974 sensationell große, von Malachit überkrustete Cuprite gefunden (bis zu 15 cm im Durchmesser und 2100 g schwer).

S. 65 o.l.: Cuprit
Chessy bei Lyon/Frankreich; 50 x 70 mm
S. 65 o.r.: Cuprit (Chalkotrichit)
Rheinbreitbach/BRD; 4 x 6 mm

Spinell $MgAl_2O_4$

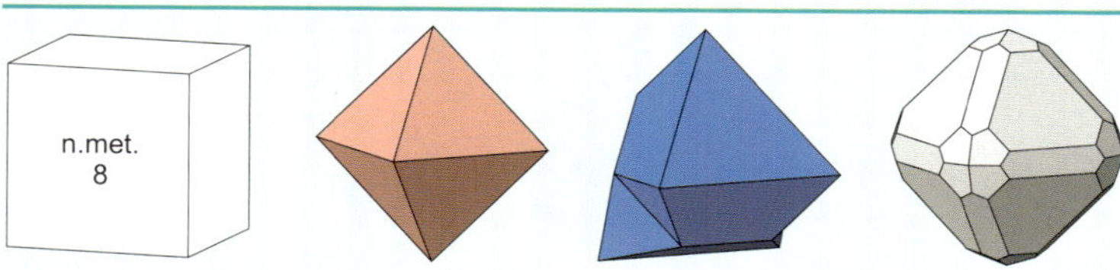

Merkmale: Farblos und alle anderen Farben, sehr oft rot; Dichte 3,5 g/cm³; Spaltbarkeit gut nach dem Oktaeder; meist kleine und scharf ausgebildete Kristalle, häufig in Form von Oktaedern oder Dodekaedern, sehr selten Würfel; häufig Zwillinge nach dem so genannten Spinellgesetz, wobei die einzelnen Individuen nach der Oktaederfläche verwachsen sind.

Wissenswertes: Spinell ist das namengebende Mineral für die Spinellfamilie (⇨Magnetit, S. 66). Er ist ein typisches Mineral der Kontaktmetamorphose und kommt besonders in körnigen Kalk- und Dolomit-Marmoren, aber auch in kristallinen Schiefern, Gneisen und Serpentiniten vor sowie in vulkanischen Gesteinen und – wegen seiner hohen Härte und chemischer Widerstandsfähigkeit – in Flusssanden (Seifen). Die Edelsteinvarietäten werden hauptsächlich im Gebiet von Mogok/Myanmar und Ratnapura/Sri Lanka gefunden, wo Spinelle aus Flussseifen gewaschen werden. Hervorragende flächenreiche, schwarze Spinelle kommen aus Jakutien, Sibirien/Russland. Die einzelnen Farbvarietäten entstehen durch Einbau von Spuren anderer Metalle, z.B. Chrom (rot) oder Eisen (blau), in das Kristallgitter. Durch seinen hohen Schmelzpunkt (2135° C) eignet sich Spinell zur Herstellung von Tiegeln und hochfeuerfester Keramik. Er ist ein wichtiger Edelstein und wird oft synthetisch hergestellt.

S. 65 u.: Spinell
Hunza-Tal/Pakistan; 24 x 18 mm

Magnetit, Magneteisenerz $FeFe_2O_4$

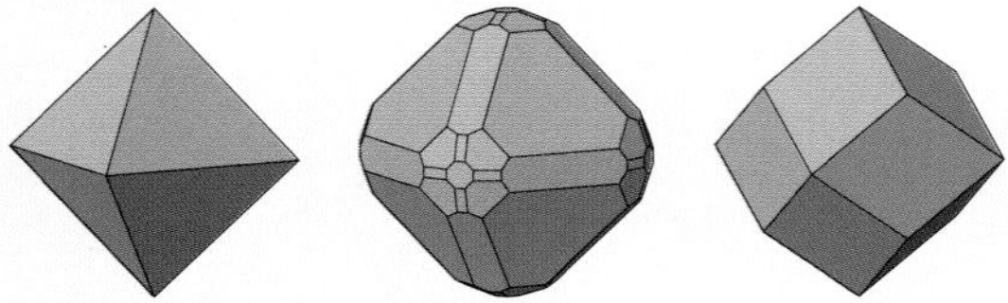

Merkmale: Eisenschwarz; Dichte 5,2 g/cm³; Spaltbarkeit gut nach dem Oktaeder; bildet in der Regel Kristalle in Form von Oktaedern, seltener Rhombendodekaedern, sehr selten Würfeln (Balmat, New York/USA); häufig verzerrt, kleine Kristalle oft skelettartig ausgebildet; »Spinellzwillinge« nach dem Oktaeder sind typisch; auch dichte Massen und körnige Aggregate oft in großen Mengen als Erz. Die Kristalle werden von einem Magneten stark angezogen, derbe Massen wirken ihrerseits als Magnet (bestes diagnostisches Merkmal).

Wissenswertes: Magnetit ist ein Glied der Spinellfamilie, einer großen Gruppe von Oxiden des Formeltypus AB_2O_4, wobei A für zweiwertige Metalle steht und B für dreiwertige (⇨Spinell, S. 64; ⇨Chromit, S. 68). Alle diese Mineralien haben die gleiche Kristallstruktur und sehr ähnliche kristallographische Eigenschaften. Neben den in der Natur vorkommenden Spinellen werden viele Verbindungen dieses Formeltypus für technische Zwecke synthetisch hergestellt.

Magnetit bildet sich fast immer unter dem Einfluss höherer Temperaturen.

1. Magmatisch: Magnetit kristallisiert als Frühausscheidung bei hohen Temperaturen im Magma. Zusammen mit Titanit, Ilmenit und Olivin wird er bereits innerhalb der Magmenkammer durch Absinken zum Boden angereichert, was zu gewaltigen Lagerstätten führt (z.B. Routivare, Smålands Taberg/Schweden; Otanmäki/Finnland). In feinster Verteilung ist Magnetit Bestandteil fast aller magmatischer Gesteine, auch der Basalte des Ozeanbodens, und Träger von deren Magnetismus. Aus den ozeanischen Rücken tritt beim Auseinanderdriften der Kontinente ständig flüssiges Magma aus; die enthaltenen Magnetitkristalle orientieren sich bei der Erstarrung entsprechend dem Erdmagnetfeld. Magnetometrische Messungen haben ergeben, dass sich zu beiden Seiten des Rückens symmetrische Streifen von Gestein mit jeweils gleich orientiertem Magnetfeld befinden, ein Beweis für Alfred Wegeners Kontinentalverschiebungs-Theorie.

Die feinkörnigen, gleichmäßig im Gestein verteilten Magnetit-Kristalle sind wesentlich für die dunkle Färbung des betreffenden Gesteins verantwortlich (Gabbro, Diabas, Basalt). Magnetit verwittert langsam zu Limonit, seltener zu Hämatit. Manchmal kommt es unter Mitwirkung von leicht flüchtigen Bestandteilen zu magnetitreichen Schmelzen mit Apatit, die in die Nebengesteine eindringen und dort erstarren. So entstand die größte Eisenanreicherung der Erde, die Magnetitlagerstätte von Kiruna/Schweden. Dort lagern in einem Erzkörper von über 15 km Länge und 1000 m Dicke rund 1,5 Milliarden Tonnen Erz.

2. Kontaktpneumatolytisch: Durch Einwirkung von magmatischen Gasen auf Carbonatgesteine entstehen so genannte Skarne, in denen Magnetit oft mit Sulfiden (z.B. Chalkopyrit, Pyrrhotin) und eisenreichen Silikaten (etwa Pyroxen, Granat) vergesellschaftet ist (Berggießhübel/Sachsen, Banat/Rumänien).

3. Weniger verbreitet bildet sich Magnetit auch metamorph aus ehemaligen Sedimenten (Sydvaranger/Norwegen, mittelschwedischer Eisendistrikt), kontaktmetamorph um magmatische Komplexe aus Siderit (Siegerland), selten, aber in sehr schönen Kristallen auf alpinen Klüften und Gängen (die schönsten Kristalle kommen wohl aus dem Binntal/Schweiz, wo sie mit honigfarbenem Anatas vergesellschaftet sind) und noch seltener sedimentär (Lothringer Minette, Luxemburg).

S. 67 o.: Magnetit, Binntal/Schweiz; 30 x 22 mm
S. 67 u.: Magnetit
Nordmarken/Schweden; 47 x 34 mm

Ilmenit, Titaneisenerz $FeTiO_3$

Merkmale: Schwarz; Dichte 4,5-5,0 g/cm³; Spaltbarkeit keine; bildet rhomboedrische oder tafelige Kristalle, die Hämatit ähneln; kommt auch in körnigen, derben bis dichten Aggregaten, als kleine Gerölle und Sande vor. Rosettenartige Aggregate heißen **Eisenrosen**.

Wissenswertes: Ilmenit wird zusammen mit Magnetit magmatisch gebildet (Rödsand/Norwegen; Routivare/Schweden). Er kommt auch reichlich in pegmatitischen Gesteinen vor (Miask, Ural/Russland; Kragerö/Norwegen). Frei aufgewachsene Kristalle in Klüften stammen von Bourg d'Oisans/Frankreich und St. Gotthard/Schweiz.

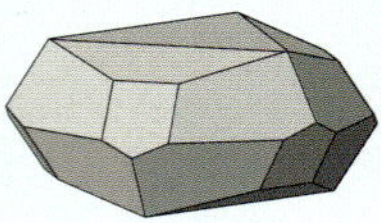

S. 69 o.l.: Ilmenit
Traversella/Italien; 25 x 18 mm

Valentinit Sb_2O_3

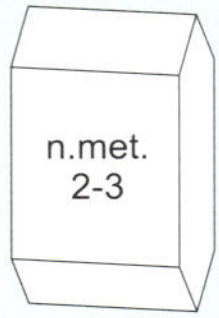

Merkmale: Farblos, weiß, aschbis gelblich grau, gelbbraun, rötlich; Dichte 5,6-5,8 g/cm³; Spaltbarkeit vollkommen; spröde, zerbrechlich; Kristalle meist prismatisch, auch tafelig, flächenreich, einzeln aufgewachsen oder in strahligen Büscheln. Das Mineral tritt auch derb auf sowie in stängeligen, faserigen, körnigen Aggregaten. Pseudomorphosen nach Antimonit oder Kermesit sind häufig.

Wissenswertes: Valentinit (**Antimonblüte**) entsteht sekundär bei der Umwandlung z.B. von Antimonit. Klassische Vorkommen sind Wolfsberg/Harz, Horhausen/Siegerland, Bräunsdorf/Sachsen, Příbram/Tschechien, Allemont in der Dauphiné/ Frankreich und Siena/Italien.

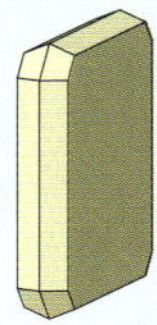

S. 69 o.r.: Valentinit
Pezinok/Slowakei; 10 x 14 mm

Chromit, Chromeisenstein $FeCr_2O_4$

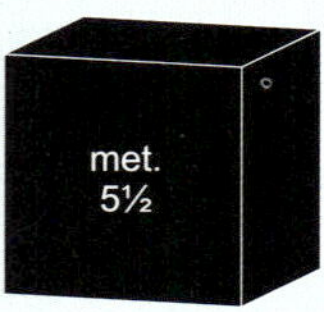

Merkmale: Pechschwarz, in feinsten Splittern tiefbraun; Dichte 4,5-4,8 g/cm³; Spaltbarkeit keine; unebener Bruch; findet sich zumeist eingesprengt in Körnern oder in derben Klumpen und Nestern, Kristalle sind selten. Radialstrahlig gewachsene, sphärolithische Aggregate bilden den **Kugelchromit**; Verwachsungen mit Silikaten geben dem Gestein ein leopardenfellartiges Aussehen (»Leopardenerz«).

Wissenswertes: Chromit ist ein Glied der Spinellfamilie (⇨Magnetit, S. 66). Er bildet sich ausschließlich aus basischen Magmen als eine der ersten Ausscheidungen bei hohen Temperaturen. Wegen ihres hohen Gewichts sinken die Kristalle ab (Kristallisationsdifferentiation) und bilden meist zusammen mit Olivin dunkle Tiefengesteine (Peridotite). Die bedeutendsten Chromitlagerstätten der Erde liegen in Zimbabwe, Südafrika und der Türkei. Wegen der typischen Vergesellschaftung mit Platinerzen sind sie zugleich die

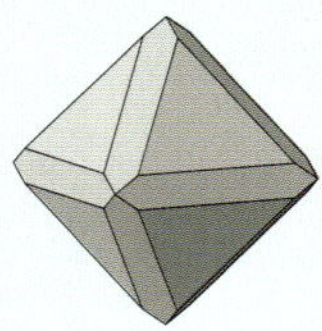

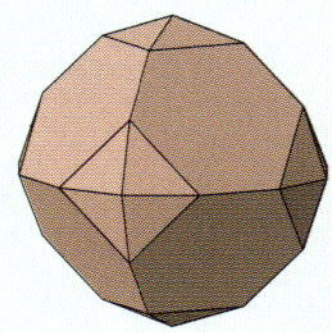

wichtigsten Platinreservoire. Altbekannt sind die Vorkommen in Norwegen und auf Neuseeland, weitere finden sich in Südserbien, Grochau/ Schlesien, Kraubath/Steiermark, Orsova und im Banatgebirge/Rumänien. Chromit, zuweilen in flächenreichen Kristallen, ist auch typisch für Meteorite.

Als einzig wichtiges Chromerz ist Chromit von großer technischer Bedeutung. Chrom dient vor allem als Legierungsmetall für Werkzeug- und Panzerstähle (hart, zäh, rost- und säurebeständig) und ist daher für die Rüstungsindustrie bedeutsam. Weiterhin wird es zur Verchromung, in der Gerberei, Textil- und Lackindustrie verwendet.

S. 69 u.: Chromit (Leopardenerz), Türkei; 80 x 58 mm

Hämatit, Eisenglanz, Roteisenstein Fe_2O_3

halbmet.-
met.
5½-6½

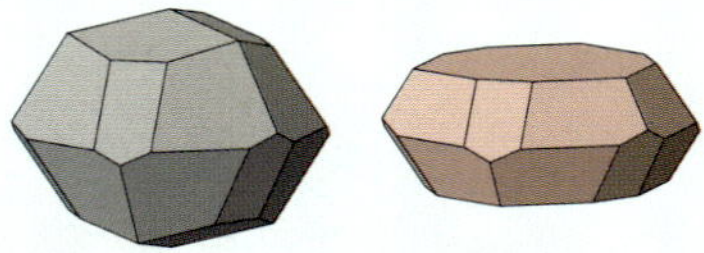

Merkmale: Bläulich, stahlgrau bis eisenschwarz, bunt anlaufend, derbe Aggregate rot; Dichte 5,2-5,3 g/cm³; Spaltbarkeit keine; sehr schöne, flächenreiche Kristalle (**Specularit**) verschiedenster Ausbildung, strahlig-faserige Massen (**roter Glaskopf**), manchmal Durchkreuzungszwillinge. Rosettenförmig gruppierte Täfelchen bilden die alpinen **Eisenrosen** mit oft orientiert aufgewachsenen, roten, stängeligen Rutilen auf den Basisflächen. Auch derb als körnige, schuppige Massen (**Eisenglimmer**) oder dichte, nichtmetallisch aussehende Aggregate (**Roteisenerz**, **Roteisenstein**) sowie erdige Massen kommt Hämatit vor.

Wissenswertes: Das Mineral zählt zur Korundreihe (siehe unten). Es ist ein weit verbreitetes, reiches Eisenerz auf sedimentären Lagerstätten. Als Itabirite und »banded ironstones« bedeckt es riesige Areale in Brasilien, Südafrika und Australien und wird dort abgebaut. Außerdem wird Hämatit hydrothermal und pneumatolytisch in Gängen, metasomatisch in Kalken und sekundär aus anderen Eisenmineralien gebildet. Schöne Kristalle stammen aus alpinen Klüften (z.B. Cavradi, Tavetsch/Schweiz) und aus vulkanischen Fumarolen (Eifel, Auvergne/Frankreich, Vesuv/Italien). Seit prähistorischer Zeit ist Hämatit wichtigstes Braun- und Rotpigment und neben Magnetit und Limonit das wichtigste Eisenerz.

S. 71 o.l.: Hämatit (Glaskopf)
Cumberland/England; 40 x 55 mm
S. 71 o.r.: Hämatit mit Rutil
Cavradi, Tavetsch/Schweiz; 17 x 24 mm

Korund Al_2O_3

n.met.
9

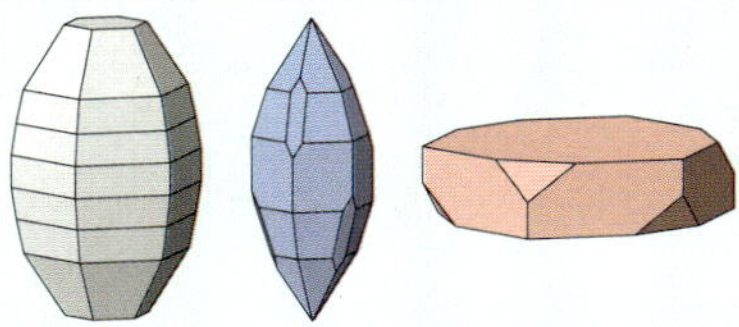

Merkmale: Undurchsichtig grauweiß (gewöhnlicher Korund), farblos (**Leukosaphir**) oder durch Spuren von Fremdatomen gefärbt, durch Eisen und Titan tiefblau (**Saphir**), durch Chrom tiefrot (**Rubin**), durch Fehlstellen im Kristallgitter orangegelb (Padparadscha), auch violett und grün, oft fleckig oder zoniert; Dichte 3,9-4,1 g/cm³; Spaltbarkeit keine; pseudohexagonale Kristalle, prismatisch oder pyramidal, oft tonnenförmig gekrümmt und horizontal stark gerieft, auch flachtafelig; eingewachsene oder lose Kristalle von zuweilen beträchtlicher Größe, sonst in derben, spätigen und körnigen Aggregaten; orientierte Entmischungen von Rutilnadeln rufen Asterismus (Lichtbeugungsmuster in Form heller Streifen oder Sterne) hervor.

Wissenswertes: Korund ist namengebend für eine Gruppe von Oxiden des Formeltyps ABO_3, wobei A und B entweder für dreiwertige Metalle stehen (z.B. bei Hämatit) oder A für ein zweiwertiges Metall und B für ein vierwertiges Titan (⇨Ilmenit, S. 68). Alle Mineralien der Korundreihe haben die gleiche Kristallstruktur und sehr ähnliche kristallographische Eigenschaften.
Korund findet sich meist in metamorphen Gesteinen und oft in Seifenlagerstätten; pegmatitisch-pneumatolytische Bildungen sind selten. Die Edelsteinvarietäten kommen besonders von Myanmar, Sri Lanka, Afghanistan und Vietnam. Rubine und Saphire sind hochgeschätzt und in guter Qualität dem Diamanten ebenbürtig.
Heute wird Korund in großer Menge synthetisch hergestellt, z.B. für kratzfeste Gläser in Uhren (»Saphirglas«) und vor allem für die Laser-Technik.

S. 71 u.l.: Korund (Saphir), Sri Lanka; 65 x 90 mm
S. 71 u.r.: Korund (Rubin), Südafrika; 40 x 55 mm

Quarz SiO_2

Merkmale: In reiner Form farblos, sonst weiß, grau, gelb, rot, blau, grün, braun, schwarz; Dichte 2,65 g/cm³; Spaltbarkeit keine; Bruch typischerweise muschelig. Quarz ist sehr vielfältig in seinen Kristallformen. Man unterscheidet grobkristalline (phanerokristalline) von feinkristallinen Varietäten (kryptokristallin, ⇨ Chalcedon, S. 76). Der trigonale Tiefquarz wandelt sich bei 573° C in die hexagonale Hochquarz-Modifikation um. Kristalle, die oberhalb dieser Temperatur entstanden, sind an ihrer einfacheren Morphologie aus hexagonalen Bipyramiden und kleinen oder gar fehlenden Prismenflächen zu erkennen. Daher dient Quarz gewissermaßen als geologisches Thermometer. Ein wichtiges Identifikationsmerkmal ist die typische Querstreifung der Prismenflächen. Tiefquarze kristallisieren in 2 spiegelsymmetrischen Strukturen (Rechts- und Linksquarz). Zwil-

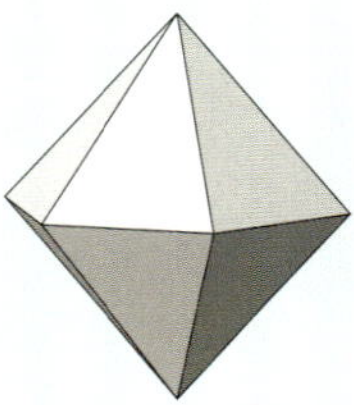

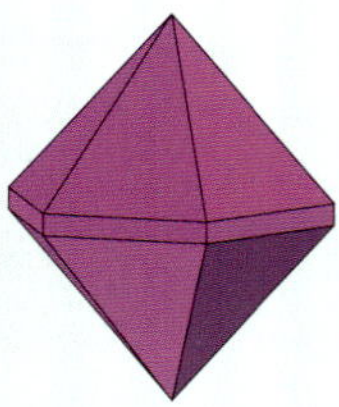

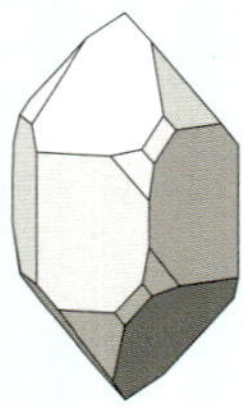

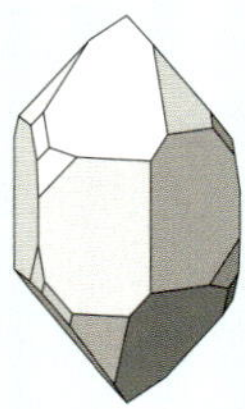

linge sind viel häufiger als unverzwillingte Kristalle, allerdings ist die Zwillingsbildung schwer zu erkennen. Eine Ausnahme bilden die sog. Japaner-Zwillinge, bei denen 2 Individuen unter ca. 90° miteinander verwachsen sind.

Wissenswertes: Quarz kommt als Gemengteil in fast allen Gesteinstypen und Bildungsbereichen vor. Durch seine Härte und seine sehr schlechte Löslichkeit ist er jedoch vor allem in Sedimenten angereichert. Er entsteht in Gesteinen sowohl magmatisch als auch pegmatitisch-pneumatolytisch und hydrothermal. Quarz bildet Pseudomorphosen nach vielen Mineralien und ist Versteinerungsmaterial.

Farbvarietäten: Der farblose gewöhnliche Quarz ist ein wichtiges gesteinsbildendes Mineral.

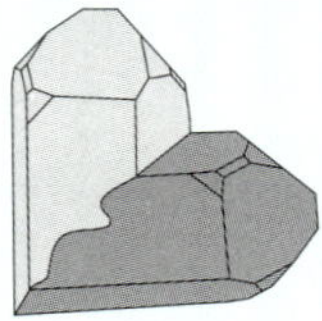

Wasserklare Kristalle werden **Bergkristall** genannt. Vorkommen guter Bergkristalle gibt es weltweit in unübersehbarer Zahl. Riesige, mehr als 40 t schwere Kristalle stammen aus Brasilien. Bergkristall kommt vielerorts in den Alpen vor, z.B. im Aare- und Gotthardmassiv/Schweiz und in Pfitsch, Tirol/Österreich, ebenso in Frankreich (Bourg d'Oisans, Dauphiné) und Südtirol/Italien (⇨ Abb. S. 63). Berühmt sind die kleinen, wunderschönen wasserklaren Kristalle aus dem Marmor von Carrara/Italien und die sog. Herkimer Diamanten aus New York/USA. Große Mengen von qualitativ hochwertigen Bergkristallen stammen von Hot Springs, Arkansas/USA.

Der rauchbraune bis braunschwarze **Rauchquarz** oder **Morion** entsteht durch natürliche radioaktive Bestrahlung. Man kann farblose Bergkristalle aber auch durch Neutronenbeschuss im Reaktor künstlich zu Rauchquarz umwandeln. Vorkommen sind wie beim Bergkristall; besonders große, bis über 130 kg schwere Kristalle kommen vom Tiefengletscher am Furkapass/Schweiz. Gute Rauchquarze findet man auch in Minas Gerais/Brasilien, in Namibia und in Pikes Peak, Colorado/USA (dort besonders attraktive Stufen mit türkisfarbenem Amazonit).

S. 73 o.l.: Quarz
Medenbach, Westerwald/BRD; 16 x 23 mm
S. 73 o.r.: Quarz auf Marmor
Carrara/Italien; 7 x 10 mm
S. 73 u.: Quarz (Japaner Zwilling)
Mondo Nuevo/Peru; 40 x 30 mm

Die bekannteste Farbvarietät ist der violette **Amethyst**. Frei stehende Kristalle sind selten. Meist ist er in Drusen von basischen Ergussgesteinen aufgewachsen und häufig nur in den Spitzen hell- bis dunkelviolett gefärbt (Brasilien, Namibia). Der Amethyst zählt zu den Insignien der katholischen Kirche und gilt als Symbol der Enthaltsamkeit.

Naturgelber Quarz heißt **Citrin**. Bei den meisten auf dem Markt befindlichen gelben Quarzen handelt es sich allerdings um künstlich durch Brennen von Amethyst oder Rauchquarz hergestellte falsche Citrine. Die schönsten (echten) wurden früher in Cordoba und Salamanca/Spanien gefunden, heute stammen sie meist aus Brasilien und Madagaskar. Oftmals werden Citrine unzulässigerweise als Topase bezeichnet (Bahia-, Gold-, Madeira-, Palmeira-, Rio-Grande-Topas).

Der lauchgrüne **Prasolith** entsteht ausschließlich durch Brennen von gelben und violetten Quarzen aus Brasilien, niemals natürlich.

Rosenquarz ist die rosafarbene Varietät des Quarzes. Sie kommt nur selten klar durchsichtig, sondern vorwiegend derb, grob kristallin und meist stark rissig vor. Kristalle sind extrem selten (Aracuai, Minas Gerais/Brasilien).

Eisenkiesel wird durch Eisenoxide rot, braun oder gelb gefärbt. **Milchquarz** ist durch zahlreiche Einschlüsse milchig getrübt. Durch eingelagerte Rutil- oder Amphibolnädelchen bekommt der ebenfalls getrübte **Blauquarz** seine Farbe. **Aventurinquarz** schillert metallisch durch eingelagerte Glimmer- und Hämatitplättchen. **Falkenauge** und **Tigerauge** sind verquarzter, feinfaseriger Krokydolith (⇨Amphibole, S. 152) mit Katzenaugeneffekt. **Prasem** ist durch massenhaft eingeschlossenen Aktinolith lauchgrün.

Quarz ist nach den Feldspäten das häufigste Mineral der kontinentalen Erdkruste. Klare, unverzwillingte Bergkristalle dienen in der Hochfrequenztechnik als Schwingquarze und sind aus der Elektronik nicht mehr wegzudenken. Für den technischen Bedarf benutzt man heute jedoch nahezu ausschließlich künstliche Quarze. Für die Bauindustrie ist Quarz in Form von Sand und Kies wichtigster Stoff (Zuschlag für Beton etc.). Überdies ist er Ausgangsstoff zur Gewinnung eines der bedeutendsten Elemente moderner Technologie, des Siliziums (Halbleitertechnik, Solartechnik, Fotovoltaik). Quarzglas ist unempfindlich gegen plötzliche und starke Temperaturänderungen und durchlässig für ultraviolette Strahlen. Es wird daher im physikalischen Gerätebau und für Glühbirnen verwendet. Sämtliche Farbvarietäten des Quarzes sind begehrte Schmucksteine. Quarz dient außerdem als innenarchitektonischer Dekorstein oder als Verkleidung von Außenwänden. Nicht zuletzt gilt Quarz seit Jahrtausenden als heilender und hilfreicher Talisman; den einzelnen Tierkreisen wurden bestimmte Quarzvarietäten zugeordnet und auch die meisten der sog. Monatssteine sind Quarze.

Wüsten und Strände – riesige Areale der Kontinente sind mit Quarzsand bedeckt, der bei der Verwitterung der Gesteine übrig blieb und von Wind und Wasser verfrachtet wurde. Durch Verfestigung entsteht aus ihm Quarzit, ein neues Gestein.

S. 75 o.l.: Quarz (Rauchquarz)
Arkansas/USA; 70 x 100 mm
S. 75 o.r.: Quarz (Eisenkiesel auf Hämatit)
Cumberland/England; 80 x 120 mm
S. 75 u.l.: Quarz
Rocher de Sel de Djelfa/Algerien; 50 x 70 mm
S. 75 u.r.: Quarz (Amethyst)
Guerrero/Mexiko; 61 x 90 mm

Chalcedon, Achat SiO_2

Merkmale: Durchscheinend und oft schön gefärbt, rot, braun, blau, grün, gelb; Dichte 2,6 g/cm³; Spaltbarkeit keine. Chalcedon ist eine völlig dichte und dem Auge homogen erscheinende Varietät des Quarzes, die aus mikroskopisch kleinen Fasern und Körnchen besteht und eine glaskopfartige (⇨Hämatit, S.70) Oberfläche hat. Er entsteht ausschließlich bei niedriger Temperatur (maximal etwa 120° C) in der Nähe der Erdoberfläche.

Wissenswertes: Zu den durchsichtigen bis durchscheinenden und meist schön gefärbten Arten zählt der rhythmisch gebänderte **Achat** als die wohl bekannteste Chalcedonvarietät mit verschieden gefärbten, überwiegend grauen, weißen oder braunen Lagen (Brasilien, Mexiko) oder auch schwarzen, braunen, gelben oder roten Lagen (Idar-Oberstein). Auf künstlichem Wege schwarz gefärbter Achat wird als **Onyx** bezeichnet. Weitere Farbvarietäten sind roter **Karneol** (durch Eisenoxid gefärbt), brauner **Sarder** (durch Limonit gefärbt), grüner **Chrysopras** (durch Nickelsilikat gefärbt). **Moosachat** ist farblos und hat moosähnliche, grüne oder braune Einlagerungen. Als **Jaspis** bezeichnet man die undurchsichtigen, weniger attraktiven Abarten des Chalcedons. Diese sind durch Eisen und Mangan oder auch durch andere anorganische oder organische Substanzen mannigfaltig gefärbt. **Feuerstein** oder **Flint** ist ein Jaspis, der innig mit Opal durchsetzt ist. **Heliotrop** ist dunkelgrün mit roten Punkten. Chalcedonvorkommen gibt es weltweit in sehr großer Zahl. Sie sind meist an Drusenräume vulkanischer Gesteine gebunden. Historisch interessant sind die Achate aus den Diabasen an der Nahe, die den Weltruhm Idar-Obersteins als Edelsteinstadt begründeten.

S. 77 o.: Chalcedon
Rio Grande do Sul/Brasilien; 75 x 55 mm

Tridymit SiO_2

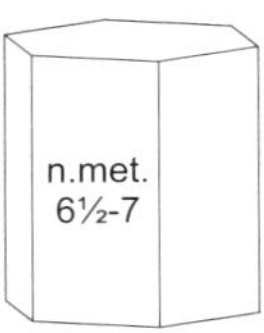

Merkmale: Farblos, milchig trüb; Dichte 2,3 g/cm³; Spaltbarkeit undeutlich; bildet kleine, dünntafelige Kristalle in fächerförmigen und kugeligen Gruppen; besonders häufig sind Drillinge, auch Zwillinge und Viellinge kommen vor.

Wissenswertes: Tridymit wird in Drusenhohlräumen und in der Grundmasse von jungen vulkanischen Gesteinen neben Quarz, Hämatit, Augit und Hornblende gebildet, niemals aber in Tiefengesteinen. Interessant ist auch das Vorkommen in Steinmeteoriten und Mondbasalten. Erwähnenswert sind vor allem die Fundstellen Drachenfels/Siebengebirge, Mont Dore/Frankreich, Aranyer Berg/Ungarn sowie San Cristobal/Mexiko. Tridymite aus der Eifel können Schneekristallen gleichen.

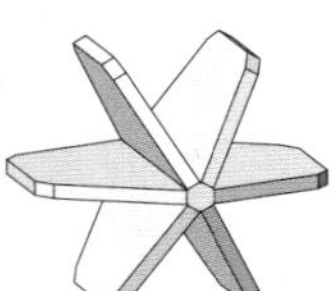

S. 77 u.l.: Tridymit, Colli Euganei/Italien; 6 x 9 mm

Opal $SiO_2 + nH_2O$

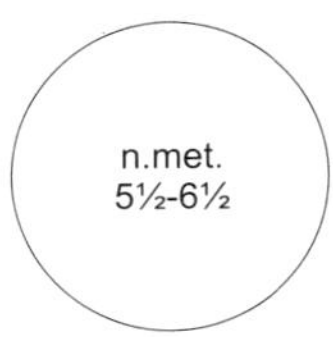

Merkmale: Farblos, milchig weiß, gelblich, orangerot, grün; Dichte 2,1-2,2 g/cm³; Spaltbarkeit keine, ausgezeichnet muscheliger Bruch; bildet nierige, traubige, krusten- und lagenartige Formen aus.

Wissenswertes: Opal entsteht bei niedrigen Temperaturen aus Gelen durch Zersetzung von Silikaten, in jungvulkanischen Gesteinen, beim Absatz heißer Quellen (Kieselsinter) und als Konkretionen (⇨Markasit, S. 44) in kieselhaltigen Sedimenten (**Feuersteine**). Man unterscheidet **Edelopale** (weiß bis schwarz, stark opalisierend, besonders schön aus Australien), **Feueropale** (rot bis orange, durchscheinend, hauptsächlich aus Mexiko) und gewöhnlichen Opal (meist undurchsichtig und ohne Farbspiel, weit verbreitet). Weitere Varietäten sind: **Hyalith** (glasklar durchsichtig), **Prasopal** (grün), **Moosopal** (von Dendriten durchsetzt) und **Holzopal** (verkieseltes Holz).

S. 77 u.r.: Opal, Australien; 55 x 80 mm

Cassiterit, Zinnstein SnO_2

n.met.
6-7

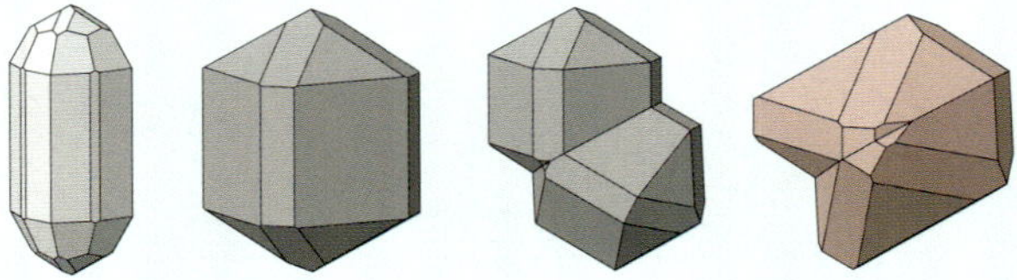

Merkmale: Meist kolophoniumbraun, auch tiefschwarz, gelb, grau oder hyazinthrot, sehr selten farblos; Dichte 6,8-7,1 g/cm^3; Spaltbarkeit gut; bildet meist gedrungene, kurzsäulige, fast immer verzwillingte Kristalle, auch feinfaserige, konzentrisch-schalige, glaskopfartige Massen (Holzzinn), seltener langnadelig (Nadelzinn); sehr häufig in Sedimenten als abgerollte Körner und als Sand (Seifenzinn); knieförmige Zwillinge, sog. Visiergraupen, sind typisch.

Wissenswertes: Cassiterit kommt fast ausschließlich in Greisen (das sind pegmatitisch-pneumatolytisch veränderte Granite) und Zinnpegmatiten vor, so auch in den klassischen, längst ausgebeuteten Vorkommen im sächsischen Erzgebirge (Altenberg, Zinnwald, Schlaggenwald, Graupen) und in Cornwall/England. Typisch ist hier die Paragenese mit Fluorit, Topas, Wolframit, Scheelit, Arsenopyrit und Molybdänit. Weitere Fundstellen sind die Bretagne/Frankreich, Arandis/Namibia und Yunnan/China (hier gibt es der Welt größte Zinnkonzentration). Cassiterit stellt ein bedeutendes Zinnerz dar.

S. 79 o.l.: Cassiterit
Altenberg, Sachsen/BRD; 30 x 44 mm
S. 79 o.r.: Cassiterit auf Zinnwaldit
Schlaggenwald, Sachsen/BRD; 20 x 30 mm

Rutil TiO_2

n.met.
6-6½

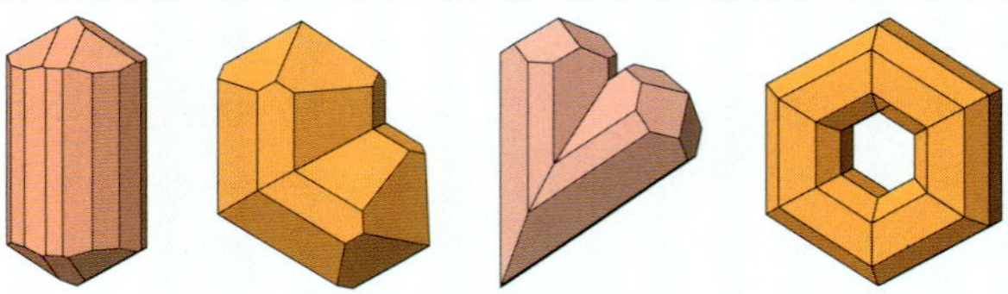

Merkmale: Blutrot, braunrot, fuchsrot, selten gelblich und gelbbraun, eisenschwarz; Dichte 4,2-4,3 g/cm^3; Spaltbarkeit vollkommen. Rutilkristalle sind meist prismatisch gestreckt und längsgestreift, man findet sie aber auch dicksäulig oder in feinsten Nadeln, ebenso kommen gerundete und verzerrte Formen vor. Knieförmige und herzförmige Zwillinge sind besonders typisch, durch wiederholte Verzwillingung entstehen auch oft Drillinge und Viellinge und manchmal sogar ringförmige zyklische Zwillingsstöcke (Magnet Cove, Arkansas/USA). Sternförmige oder gitterartige Zwillingsbildungen werden als **Sagenit** bezeichnet. Rutil findet man auch derb, in Körnern oder als lange Nadeln (garbenförmig oder parallel angeordnet) eingewachsen in Bergkristall.

Wissenswertes: Rutil ist von den drei TiO_2-Modifikationen Rutil, Anatas und Brookit (⇨S. 80) die stabilste und häufigste. Man findet ihn eingewachsen in Pegmatiten (Kragerö/Norwegen, Modriach, Steiermark/Österreich) sowie in hydrothermalen Gängen und Drusen (Pfitsch, Tirol/Österreich, Binntal und Campolungo/Schweiz). Er ist ein gewöhnlicher Gemengteil sedimentärer und metamorpher Gesteine und kommt auch in Seifen vor. Wirtschaftliche Bedeutung hat Rutil als das wichtigste Titanerz. Titan wird verwendet für hochqualitative Farben (Titanweiß), als hochfester, leichter Werkstoff im Flugzeugbau und als nichtallergenes Metall (Uhrenindustrie etc.).

S. 79 u.: Rutil, Cavradi/Schweiz; 20 x 15 mm

Anatas TiO_2

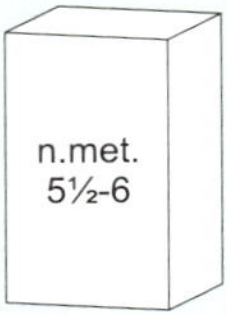

Merkmale: Blauschwarz, honiggelb, braun, hyazinthrot, selten farblos; Dichte 3,8-3,9 g/cm³; Spaltbarkeit vollkommen; Kristalle meist spitz-dipyramidal, aber auch rundlich oder flachdipyramidal, häufig kommen oktaederähnliche, blaue bis tiefrote, tetragonale Dipyramiden vor.

Wissenswertes: Anatas ist fast nur in Kristallen bekannt, die meist klein sind und zerstreut aufsitzen. Er ist ein hydrothermal gebildetes, alpines Kluftmineral und tritt neben Bergkristall und Adular auf (St. Gotthard, Binntal/Schweiz). Tiefblauer Anatas auf Quarz in bis zu 5 cm großen Kristallen kommt von der Hardangervidda/Südnorwegen.

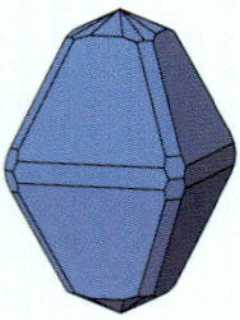

S. 81 o.l.: Anatas auf Quarz
Norwegen; 20 x 30 mm

Pyrolusit MnO_2

Merkmale: Silbergrau bis schwarz; Dichte etwa 5 g/cm³; die Härte ist kaum bestimmbar, da das Material bei Ritzversuchen immer wieder zerbröckelt; Spaltbarkeit deutlich; kristallisiert nur selten in idiomorphen Kristallen (**Polianit**), meist bildet er Pseudomorphosen nach Manganit, auch strahlig kristalline Massen, die zum Teil fest, zum Teil erdig locker und dann stark abfärbend sind, kommen vor.

Wissenswertes: Pyrolusit entsteht bei niedrigen Temperaturen in der Verwitterungszone (»Eiserner Hut«, ⇨S. 26) aus manganhaltigen Mineralien (vielfach im Siegerland) oder sedimentär; er ist der hauptsächliche Bestandteil der interessanten Manganknollen der Tiefsee.

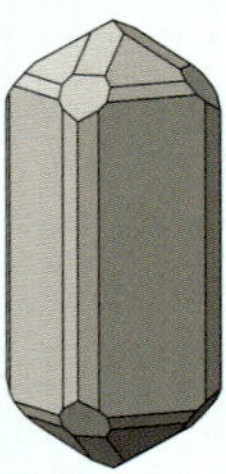

S. 81 u.l.: Pyrolusit
Grube Roßbach, Westerwald/BRD; 25 x 37 mm

Brookit TiO_2

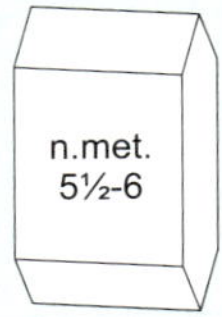

Merkmale: Gelblich braun bis rotbraun, auch fast schwarz (**Arkansit**); Dichte 4,1 g/cm³; Spaltbarkeit undeutlich; Kristalle sind vertikal gestreift, tafelig und kommen einzeln aufgewachsen oder lose vor.

Wissenswertes: Brookit entsteht hauptsächlich in hydrothermalen Gängen und als akzessorisches Mineral in Gneis, Schiefer und vulkanischen Gesteinen. In alpinen Klüften treten tafelige, braune, durchscheinende Kristalle mit schwarzen Streifen in bestimmten kristallographischen Richtungen auf, hervorgerufen durch eingelagerte undurchsichtige Substanzen. Vorzügliche Kristalle kommen seit einigen Jahren aus Puyva, Polarural/Russland.

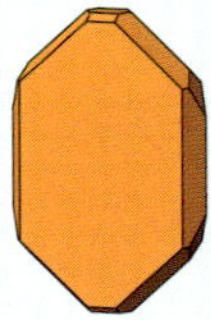

S. 81 o.r.: Brookit
Maderanertal/Schweiz; 10 x 15 mm

Manganit γ-MnO(OH)

Merkmale: Braunschwarz, angewittert stahlgrau; Dichte 4,3-4,4 g/cm³; Spaltbarkeit vollkommen; Kristalle gewöhnlich langsäulig bis nadelig und in Längsrichtung stark gestreift; durch beginnende Verwitterung ist die Kopffläche oft stark löcherig. Manganit bildet auch strahlige, stängelige, oft radial oder wirr angeordnete Bündel, gelegentlich körnige Massen.

Wissenswertes: Manganit, ein wichtiges Manganerz, findet man selten als frisches Mineral, häufig sind die Kristalle teilweise oder ganz in Pyrolusit umgewandelt. Er kommt hauptsächlich in niedrig temperierten hydrothermalen Gängen vor. Die weltweit schönsten Kristalle (bis zu 10 cm groß) stammen von Ilfeld/Harz.

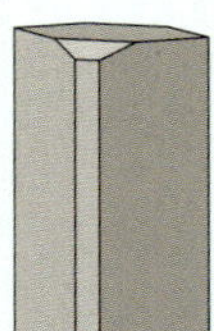

S. 81 u.r.: Manganit
Ilfeld, Harz/BRD; 60 x 90 mm

Uraninit, Pechblende UO_2

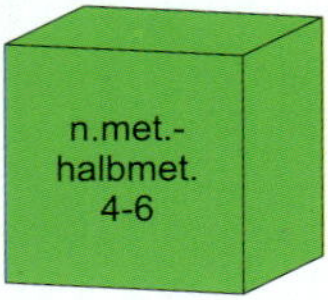

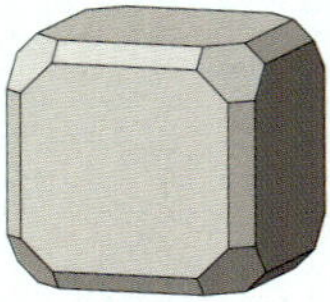

Merkmale: Schwarz bis grünlich schwarz; Dichte 10,6 g/cm^3, mit steigendem geologischen Alter sinkend; Spaltbarkeit oft nicht mehr sichtbar; bildet würfelige und oktaedrische Kristalle, kommt aber vorwiegend derb in nierigen (**Uranpecherz**) und pulvrigen Massen (**Uranschwärze**) vor.

Wissenswertes: Uraninit ist stark radioaktiv und zerstört dadurch das eigene Kristallgitter. Er wird in der Oxydationszone leicht zersetzt, es entstehen verschiedene Sekundärmineralien mit meist intensiv gelber, oranger oder grüner Farbe; er ist Rohstoff zur Gewinnung von Uran.

S. 83 o.l.: Uraninit, Evje/Norwegen; 16 x 24 mm

Wolframit $(Fe,Mn)WO_4$

Merkmale: Dunkelbraun bis schwarz oder braunrot; Dichte 7,1-7,5 g/cm^3; Spaltbarkeit vollkommen; kommt meist in großen, dicktafeligen Kristallen vor, auch nadelig und strahlig mit starker Längsstreifung oder derb in schalig-blättrigen Aggregaten.

Wissenswertes: Wolframit ist ein Mischkristall aus den Endgliedern **Ferberit** ($FeWO_4$) und **Hübnerit** ($MnWO_4$) und wird in Pegmatiten und pneumatolytischen Lagerstätten gebildet. Fundstellen sind z.B. Zinnwald/Erzgebirge, Pechtelsgrün/Vogtland, Coruña/Spanien, große Kristalle kommen von Panasqueira/Portugal und aus Peru. Wolframit ist ein wichtiges Wolframerz.

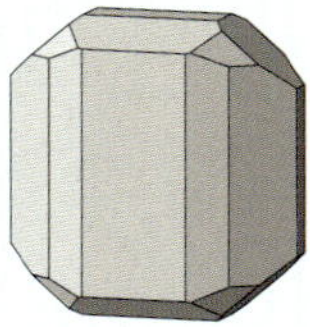

S. 83 o.r.: Wolframit, Rumänien; 53 x 78 mm

Brucit $Mg(OH)_2$

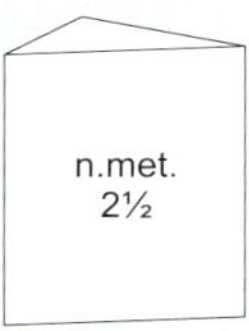

Merkmale: Farblos, grünlich, bläulich; Dichte 2,4 g/cm^3; Spaltbarkeit glimmerartig vollkommen; etwas biegsam; bildet große, nach der Basis tafelige Kristalle mit rhomboedrischer Randbegrenzung, kristallisiert auch spitz pyramidal, fast nadelig; gewöhnlich aber nur derbe, blättrige bis schalige und schuppige, gipsähnliche Massen; selten feinfaserige asbestähnliche Aggregate.

Wissenswertes: Brucit bildet sich bei der Umwandlung basischer Gesteine (Serpentin) sowie in kontaktmetamorphen Dolomiten (Predazzo/Norditalien) und Kalksteinen. Rosettenartige Kristallaggregate zusammen mit Calcit auf Kämmererit kommen von Kop Dagları/Türkei. Abbauwürdige Lagerstätten gibt es in Nevada/USA und bei Phalaborwa/Südafrika.

S. 83 u.l.: Brucit auf Kämmererit
Kop Dagları/Türkei; 4 x 6 mm

Perowskit $CaTiO_3$

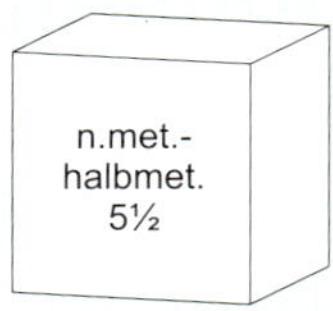

Merkmale: Schwarz, selten durchscheinend rötlich braun oder gelb; Dichte 4,0 g/cm^3; Spaltbarkeit deutlich; Kristalle meist würfelig mit Flächenstreifung; polysynthetische, lamellare Verzwillingung aus einzelnen monoklinen Subindividuen.

Wissenswertes: Perowskit kommt ein- oder aufgewachsen in Chloritschiefern (Pfitsch, Tirol/ Österreich, Zermatt/Schweiz), in manchen magmatischen Gesteinen und kontaktmetasomatisch in großen Kristallen (Ural/Russland) vor. Ausgesprochen schöne Kristalle findet man auch im Serpentin des Val Malenco/Italien sowie in den vulkanischen Auswürflingen am Monte Somma, Vesuv/Italien.

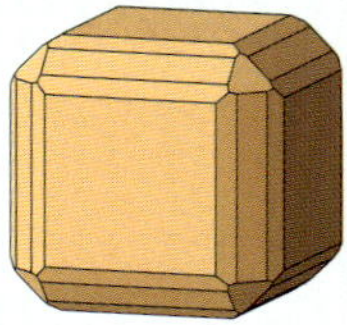

S. 83 u.r.: Perowskit
Val d'Ala, Piemont/Italien; 16 x 24 mm

Lepidokrokit, Rubinglimmer γ-FeO(OH)

Merkmale: Dunkelrot bis rotbraun, Splitter sind rubinrot bis gelbrot und durchsichtig; Dichte 4,0 g/cm³; Spaltbarkeit vollkommen. Lepidokrokit bildet bevorzugt dünne, abgeflachte, längliche Kristalle, die einzeln auf Matrix oder in Drusen aufsitzen. Er wird auch in Täfelchen oder in Rosetten sowie pulvrig oder glaskopfartig gefunden. In inniger Verwachsung mit Goethit heißt er dann **Limonit**, **Brauneisenerz** oder **Brauner Glaskopf** (⇨ unten).

Wissenswertes: Lepidokrokit gleicht in den meisten chemischen und physikalischen Eigenschaften dem Goethit, auch die Vorkommen sind gleich, jedoch sind Lepidokrokit und seine Varietäten viel seltener. Limonite enthalten neben dem häufigeren Goethit auch Lepidokrokit, besonders wenn sie aus Pyrit durch Verwitterung entstanden sind. Lepidokrokit ist wie der Goethit ein sekundäres Mineral und kommt immer mit ihm vergesellschaftet vor. Schöne, manchmal auf traubigem oder stalaktitischem Limonit aufgewachsene Kristalle wurden in der Grube Ameise in Eiserfeld/Siegerland gefunden.

Der internationale Mineralname wurde vom griechischen *lepis* = Schuppe und *chrochis* = Flocke abgeleitet und bezieht sich auf die schuppigen, faserigen, traubigen oder nierenförmigen Aggregate. 1806 wurden die Eisenhydroxide zu Ehren Goethes »Goethit« genannt. Erst seit jüngerer Zeit ist bekannt, dass es sich dabei um zwei Mineralien mit unterschiedlicher Kristallstruktur, aber sehr ähnlichen Eigenschaften handelt. Beide werden, neben ihrer Verwendung als Eisenerze, wegen ihrer stark färbenden Eigenschaft als ockerfarbene Pigmente genutzt.

S. 85 o.: Lepidokrokit
Eiserfeld, Siegerland/BRD; 18 x 12 mm

Goethit, Nadeleisenerz α-FeO(OH)

Merkmale: Schwarzbraun bis lichtgelb; Dichte ca. 4 g/cm³ (in Abhängigkeit von der Reinheit stark schwankend); Spaltbarkeit vollkommen; bildet nadel- oder haarförmige, stark längsgestreifte Kristalle, auch strahlige oder faserige Aggregate oder kommt in derben, dichten oder pulvrigen Massen vor. Pseudomorphosen nach den verschiedensten Eisenmineralien und nach Calcit sind bekannt. Röntgenographische Untersuchungen dichter Eisenhydroxide zeigen die Existenz von zwei kristallinen Mineralien: Goethit und Lepidokrokit. Sie werden unter den Namen **Limonit**, **Brauneisenerz**, **Brauner Glaskopf** zusammengefasst. Meist sind sie mit Hämatit, Manganoxiden, Calcit und Tonmineralien vergesellschaftet.

Wissenswertes: Goethit ist ein typisches Produkt der Verwitterungszone. Unter dem Einfluss von Wasser und Humussäuren verändern sich fast alle Eisenmineralien und gehen in Limonit über, der ein wichtiger Bestandteil des Laterits ist, des tiefrot gefärbten Bodens in tropischen Klimazonen, der zur Eisengewinnung abgebaut wird.

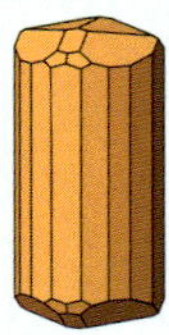

Varietäten des Goethits sind: **Nadeleisenerz** (schöne Kristalle von Lostwithiel, Cornwall/England und Hirschberg an der Saale); **Samtblende**, kastanienbraune bis ockergelbe Kugeln mit samtartig matter Oberfläche (Siegerland); **Raseneisenerz** ist der eigentliche Limonit (abgeleitet vom griechischen *leimon* = Rasen). Als Minette bezeichnet man Brauneisenoolithe, wie sie in Lothringen und Luxemburg abgebaut werden. Ähnlich sind die Salzgittererze bei Peine und im Harzvorland sowie die Brauneisensteine der Krim/Ukraine. Oolithe sind marine Flachwasserbildungen aus dem Brandungsbereich. Bei stetiger Durchbewegung unter gleichzeitiger Kristallisation entstehen millimetergroße Kügelchen mit konzentrisch-schaligem Aufbau.

S. 85 u.: Goethit
Devonshire/England; 35 x 24 mm

V. Nitrate, Carbonate und Borate

Diese Klasse enthält die Salze der Salpetersäure $H[NO_3]$, der Kohlensäure $H_2[CO_3]$ und der Borsäure $H_3[BO_3]$. Sie bestehen aus Komplexen von drei Sauerstoffionen in Form gleichseitiger Dreiecke, in deren Zentren die sehr kleinen Ionen N^{5-}, C^{4-} oder B^{3-} angeordnet sind. Diese flächigen Gruppen sind im Kristallgitter durch die Metallatome zu einem festen Verband verknüpft. Als Ausnahmen werden auch die Mineralien mit tetraedrisch koordinierten $[BO_4]^{5-}$-Gruppen in dieser Klasse geführt.
Alle Nitrate sind leicht wasserlöslich, daher findet man sie als Mineralien nur in trockenen, heißen Klimaregionen, meist als Eindunstungsprodukte von Salzseen. Carbonate entstehen oft sedimentär im marinen Bereich. Sie zersetzen sich durch Einwirkung von Säuren (Salzsäure) mehr oder weniger leicht unter Entwicklung von Kohlendioxid, was als diagnostisches Hilfsmittel dient. Kohlensäurereiches Oberflächenwasser und Luftsauerstoff zersetzen die oberen Partien sulfidischer Lagerstätten u.a. zu Carbonaten. Borate werden überwiegend sedimentär in Borax-Seen gebildet.

Calcit

Calcit, Kalkspat $Ca[CO_3]$

Merkmale: Chemisch rein ist Calcit farblos, meist jedoch zeigt er sich weiß, durch chemische Beimengungen (Magnesium, Eisen, Mangan, seltener Zink, Barium, Strontium, Blei, die das Calciumatom im Kristallgitter ersetzen) vielfach auch gefärbt. Er kann auch durch Limonit, Hämatit, Kohle und Sand verunreinigt sein. Dichte 2,7 g/cm^3; Spaltbarkeit vollkommen. Calcit bildet ausgezeichnete Kristalle in einer unübertroffenen Vielfalt an Formen (mehr als 600 verschiedene Kristallformen in vielen tausend Kombinationen sind bekannt), am häufigsten treten Rhomboeder, Skalenoeder und hexagonale Prismen auf. Zwillingsbildungen sind häufig, und zwar Ergänzungszwillinge, polysynthetische (lamellare) Zwillinge, die an einer feinen Parallelstreifung auf den Spaltflächen zu erkennen sind, sowie herz- und schmetterlingsförmige Zwillinge (butterfly twins). Dünntafelige Kristalle heißen **Papierspat**, prismatische **Kanonenspat**. Calcit kommt auch in spätigen, körnigen, stängeligen, faserigen, dichten und erdigen Aggregaten, in Kugel- und Zapfenform (**Pisolith**, **Rogenstein**, **Tropfstein**) vor; er bildet Pseudomorphosen nach vielen Mineralien und ist gewöhnlichstes Versteinerungsmineral. Alle Objekte erscheinen durch einen klar durchsichtigen Calcit verdoppelt (**Doppelspat**). Viele Calcite zeigen in ultraviolettem Licht starke Fluoreszenz, die durch Spuren von Seltenen Erden bedingt ist. Calcit ist leicht an seiner geringen Härte, der vollkommenen Spaltbarkeit und der stürmischen Reaktion mit kalter verdünnter Salzsäure zu erkennen.

Wissenswertes: Calcit ist namengebend für die Calcit-Reihe, eine große und wichtige Mineralgruppe des Formeltyps $A[CO_3]$, wobei für A verschiedenste zweiwertige Metalle eingebaut werden können. Alle Mineralien dieser Gruppe haben gleiches Kristallgitter und gleiche kristallographische Eigenschaften, besonders die vollkommene Spaltbarkeit nach den Rhomboederflächen (⇨ Siderit und Magnesit, S. 92; Smithsonit und Rhodochrosit, S. 94). Nahe verwandt sind auch Ankerit und Dolomit (⇨ S. 94 bzw. 96).

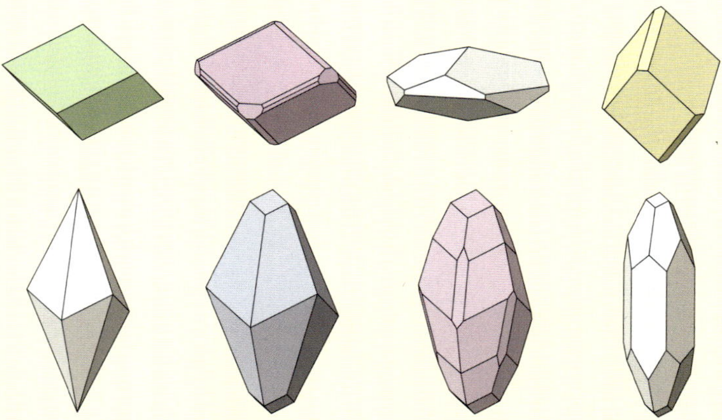

Calcit ist eines der verbreitetsten Minerale der Erde und tritt oft in großer Menge auf. Es gibt Gebirgszüge, die fast nur aus ihm bestehen, etwa die Kalkalpen und der Schwäbische und Fränkische Jura. Der ursprünglich im Wasser gelöste Kalk wurde in warmen Flachmeeren ausgefällt und zusammen mit den kalkigen Schalen von

S. 89 o.l.: Calcit
St. Andreasberg, Harz/BRD; 20 x 29 mm
S. 89 o.r.: Calcit, Cumberland/England; 48 x 70 mm
S. 89 u.: Calcit, St. Andreasberg/Harz; 105 x 70 mm

Calcit $Ca[CO_3]$ (Fortsetzung)

Meerestieren am Boden abgesetzt. Durch den Druck der auflagernden Schichten verfestigte sich das Gestein und es entstanden Kreidefelsen, wie z.B. bei Rügen oder Dover. Bei der Metamorphose derartiger Gesteine kommt es zu einer Kornvergrößerung der Kristalle und es entsteht Marmor. Besonders reiner und weißer Marmor kommt von Carrara/Italien und Pentelikon bei Athen/Griechenland. Korallenkalksteine sind kompakte, oft stockförmige Massen. Oolithische Kalke bestehen aus kleinen, konzentrischschaligen Kügelchen, die im Flachwasserbereich unter steter Bewegung entstanden sind. Als Travertin oder Kalktuff bezeichnet man Sinterbildungen in kalkhaltigen Thermen oder Quellen. Da Calciumcarbonat leicht wasserlöslich ist, kann es so transportiert und an anderer Stelle wieder ausgeschieden werden. Auf diese Weise bilden sich Tropfsteinhöhlen. Aus dem gleichen Grund wird Kalkspat oft unter Erhaltung seiner Form durch andere Mineralien verdrängt und es entstehen

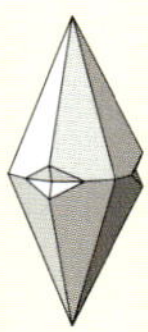
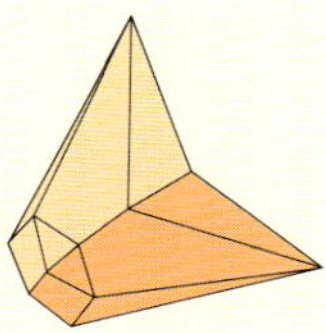
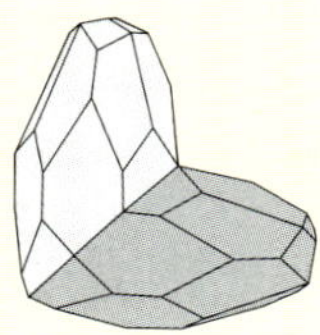
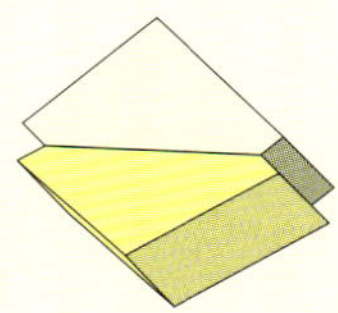

Pseudomorphosen, z.B. aus Smithsonit oder Hämatit, Kupfer, Pyrit, Quarz, Galenit, Markasit oder Pyrolusit.

Schöne, freistehende Calcitkristalle sind von unzähligen Lokalitäten bekannt, beispielsweise von St. Andreasberg im Harz, dem sächsischen Erzgebirge, den Alpen (⇨Abb. S. 87, Kander/Schweiz) und Egremont in Cumberland, Cornwall/England. Die glasklaren, flächenreichen Kristalle von Cumberland sind die schönsten in Europa und bei Sammlern begehrt. Eine Besonderheit stellt der völlig klare Doppelspat von Island (aus Hohlräumen im Dolerit von Helgustaðir am Eskifjord), von Guanajuato/Mexiko und neuerdings aus Brasilien dar. Calcite von Michigan/USA und Onganja/Namibia sind bekannt für hellrot metallische Kupfer-Einschlüsse. Die schönsten Kristal-

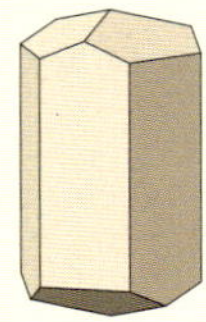

le kommen derzeit aus Joplin, Missouri/USA, Dal'negorsk/Russland und Hunan, China (phantastische Zwillinge!).

Calcit wird aufgrund seines häufigen Vorkommens und seiner vielen verschiedenen Erscheinungsformen vielfältig genutzt. Bereits die Römer zur Zeit Christi Geburt beherrschten die Technik des Kalkbrennens und der Mörtelbereitung. Der wasserklare Doppelspat wird für die Herstellung von Polarisationsprismen (Nicols) benutzt, der weiße Marmor für Bildhauerarbeiten und Wandverkleidungen. Polierte Platten von schön gefärbtem Kalkstein und buntem Marmor finden vielfach Verwendung. Dichte Kalksteine, wie z. B. von Solnhofen, sind oft reich an Versteinerungen und werden unter der Bezeichnung »deutscher Marmor« als Dekorationsstein, Fassadenverkleidung, Wand- oder Fußbodenbelag, für Fensterbänke und Treppenstufen verwendet. Kalkstein in Form von gebranntem Kalk ist Rohstoff für Mörtel. Er dient zur Zementfabrikation und in der chemischen Industrie zur Herstellung von Kalkstickstoff, Düngekalk, Calciumcarbid, Chlorkalk usw. In der Glasindustrie braucht man ihn zur Homogenisierung der Schmelzen, im Hochofenprozess als Zuschlag bei der Verhüttung saurer Erze.

S. 91 o.l.: Calcit
St. Andreasberg, Harz/BRD; 50 x 73 mm
S. 91 o.r.: Calcit, Derbyshire/England; 50 x 73 mm
S. 91 u.: Calcit, Tsumeb/Namibia; 75 x 50 mm

Siderit, Eisenspat $Fe[CO_3]$

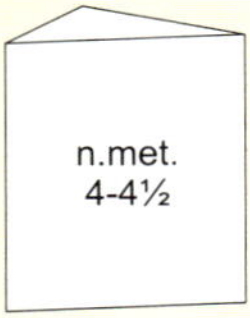

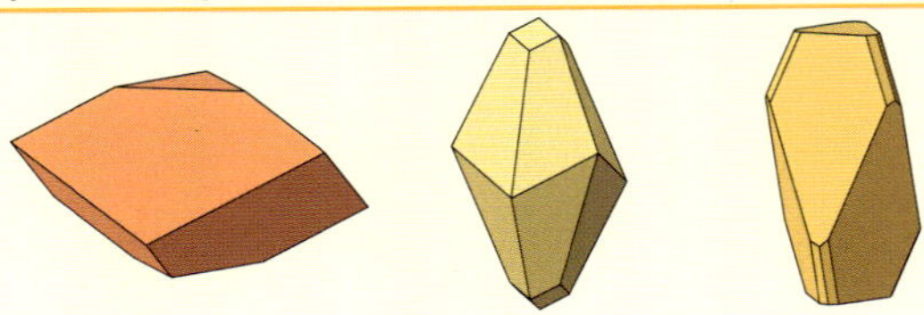

Merkmale: Gelblich weiß, grau, gelblich braun, blauschwarz, schwarz, zuweilen metallisch bunt angelaufen; Dichte 3,7-3,9 g/cm³; Spaltbarkeit vollkommen; kristallisiert meist in Form einfacher Rhomboeder, sattelförmig gekrümmt, häufiger tritt er jedoch als spätige, grob- bis feinkörnige Aggregate oder als radialstrahlige Kugeln und dichte, mit Ton vermengte Aggregate (Toneisenstein) auf. Siderit verwittert leicht zu Limonit.

Wissenswertes: Siderit ist ein Glied der Calcitreihe (⇨S. 88). Er wird stets unter Abschluss von Luftsauerstoff gebildet, meist hydrothermal in zum Teil sehr mächtigen Gängen (etwa im Siegerland). Riesige Mengen bildeten sich auch durch Metasomatose, z.B. am Erzberg in der Steiermark/Österreich. Selten wird Siderit auch pegmatitisch gebildet, wie in Ivigtut auf Grönland. Knollige Konkretionen (⇨Markasit, S. 44) findet man in Westfalen und in Wales/England. Schöne Kristalle kamen von Neudorf/Harz und Cornwall/England, und besonders klare Siderite stammen von Bellho Horizonte/Brasilien. Siderit stellt ein wichtiges Eisenerz dar. Man bezeichnete ihn früher auch als **Spateisenstein**.

S. 93 o.l.: Siderit
Col de la Forclaz/Schweiz; 20 x 30 mm

S. 93 o.r.: Siderit
Medelsertal/Schweiz; 30 x 45 mm

Magnesit $Mg[CO_3]$

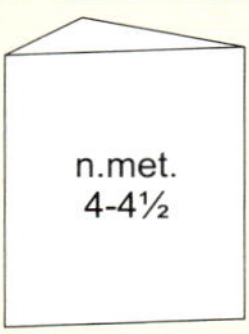

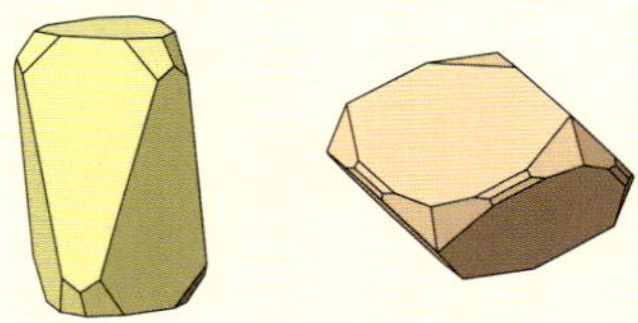

Merkmale: Farblos, weiß, gelb, braun, auch schwärzlich, wobei die verschiedenen Färbungen durch den Ersatz des Magnesiums im Kristallgitter durch andere Metallatome (Eisen, Mangan, Calcium) hervorgerufen werden; Dichte ca. 3,0 g/cm³; Spaltbarkeit vollkommen nach dem Rhomboeder. Magnesit findet man in körnigen, stängeligen und ganz dichten Aggregaten. Kristalle sind selten, meist kommt er eingewachsen vor. Im UV-Licht fluoresziert er stark grünweiß oder blauweiß.

Wissenswertes: Magnesit ist ein Glied der Calcitreihe (⇨S. 88). Es lassen sich zwei Varietäten unterscheiden:

1. Kristallmagnesit oder auch **Pinolithmagnesit** entsteht metasomatisch durch Verdrängung von Dolomit. So bildeten sich bedeutende Lagerstätten mit spätigem, grobkörnigem Magnesit in dichten Massen und unregelmäßigen Nestern z.B. in den Alpen (Radenthein, Oberndorf, Steiermark/Österreich). Eingewachsen in metamorphen Talk- und Chloritschiefern kommt er am St. Gotthard/Schweiz, im Zillertal und im Pfitschtal/Österreich oder in Lom/Norwegen vor.

2. Dichter Magnesit oder **Gelmagnesit** entsteht durch Umwandlung siliziumarmer Gesteine (Serpentinite etc.). Dabei bildet sich chemisch sehr reiner, kreideartiger, schneeweißer bis gelblicher, feinstkörniger Magnesit. Solche Lagerstätten findet man z.B. im Balkangürtel von Bosnien bis Griechenland, in Krautbath, Steiermark/Österreich und auf der Insel Elba/Italien.

Magnesit verwendet man vor allem zur Herstellung von hochfeuerfesten Ofensteinen.

S. 93 u.: Magnesit auf Sphalerit, Grube Schauinsland, Schwarzwald/BRD; 120 x 85 mm

Ankerit, Braunspat $CaFe[CO_3]_2$

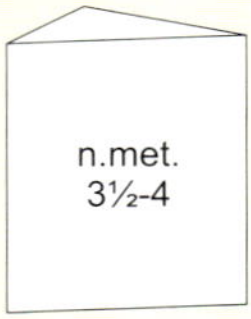

Merkmale: Weiß, grau, gelblich braun bis braun; Dichte 3,0 g/cm³; Spaltbarkeit vollkommen; bildet meist einfache Rhomboeder und auch massige, körnige Aggregate, häufig Zwillingsbildungen.

Wissenswertes: Ankerit kommt nie rein vor, immer sind wechselnde Mengen von Magnesium und Mangan in das Kristallgitter eingebaut. Er ist ein verbreitetes Mineral, manchmal tritt er als Zwischenglied der Verdrängung von Kalkstein durch Siderit auf, häufig auch in Goldquarzgängen. In großen Mengen wurde er metasomatisch am Erzberg in der Steiermark/Österreich gebildet.

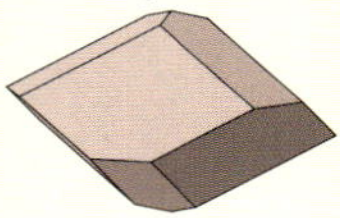

Pseudomorphosen nach Calcit sind verbreitet (zum Beispiel von Wolfach im Schwarzwald).

S. 95 o.l.: Ankerit, England; 40 x 60 mm

Smithsonit, Zinkspat $Zn[CO_3]$

Merkmale: In reiner Form farblos, durch Fremdelemente aber oft gelblich, braun, grau, grün, bläulich oder orangegelb; Dichte 4,3-4,5 g/cm³; Spaltbarkeit vollkommen; Kristalle klein und selten, meist Rhomboeder oder steile Skalenoeder, in der Regel aber faserige bis dichte oder erdige Aggregate, Krusten mit nierenförmiger, traubiger Oberfläche, schalige Massen oft zart gebändert.

Wissenswertes: Smithsonit, ein Glied der Calcitreihe (⇨S. 88), ist ein typisches Verwitterungsmaterial der Zinkblende (Altenberg bei Aachen, Laurion/Griechenland). Die schönsten Kristalle kommen zweifellos von Tsumeb und Berg Aukas/Namibia sowie Broken Hill/Australien.

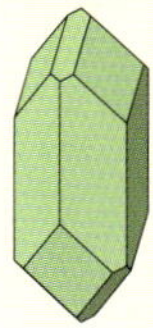

S. 95 o.r.: Smithsonit Tsumeb/Namibia; 25 x 35 mm

Rhodochrosit, Manganspat, Himbeerspat $Mn[CO_3]$

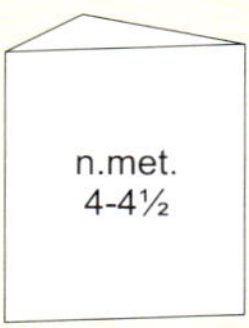

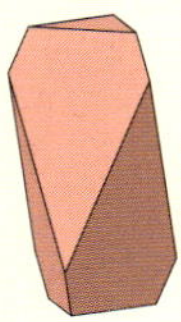

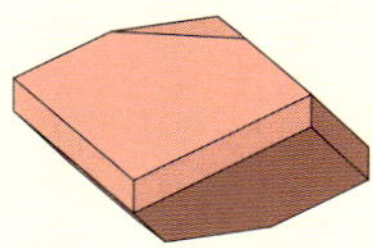

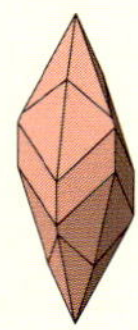

Merkmale: Rosarot, durch Verwitterung auch grau und braun, in verschiedenen Rosatönen gebändert, sehr selten farblos; Dichte 3,3-3,6 g/cm³; Spaltbarkeit vollkommen. Das Mineral bildet meist nur kleine Rhomboeder- oder Skalenoederkristalle, die man in Drusen aufgewachsen findet. Oft sind diese sattel- oder linsenförmig gekrümmt. Rhodochrosit kommt auch derb, körnig, spätig und dicht, traubig in himbeerförmigen Aggregaten und glaskopfartig in Rinden und Krusten vor; manchmal entwickelt er Zwillinge.

Wissenswertes: Rhodochrosit, ein weiteres Glied der sog. Calcitreihe (⇨S. 88), ist ein wichtiges Manganerz und ein charakteristisches Gangmineral in manchen Gold-, Silber- und Zinkgängen, z.B. der Karpaten (Cavnic, Rumänien) und, in phantastischer Qualität, in der Sweet Home Mine, Colorado/USA (dort wird Rhodochrosit im Untertagebetrieb nur zu Sammelzwecken gewonnen!). Man findet Rhodochrosit auch in hoch temperierten, kontaktmetamorphen Lagerstätten und als Sekundärmineral auf Manganvorkommen, selten in Pegmatiten. Besonders schöne Stufen kennt man von der Grube Wolf bei Herdorf/Sieg und Waldalgesheim bei Bingen, von Kuruman/Südafrika und Uchuccachacua/Peru. Neubildungen von stalagmitischem Rhodochrosit fand man in seit dem 13. Jh. verlassenen Silberminen der Inkas in Argentinien (San Luis).

S. 95 u.: Rhodochrosit, Grube Wolf bei Herdorf, Siegerland/BRD; 31 x 23 mm

Dolomit, Bitterspat $CaMg[CO_3]_2$

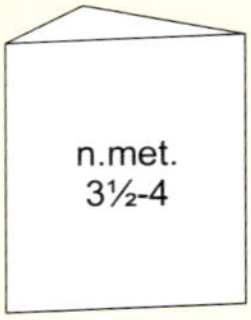

Merkmale: Farblos, weiß, durch Verunreinigungen gelb, braun oder schwarz; Dichte 2,8-3,0 g/cm³; Spaltbarkeit vollkommen. Die weitaus häufigste Kristallform ist das Rhomboeder. Man findet Dolomit ein- und aufgewachsen, sehr oft in sattelförmig gekrümmten Kristallen. Flächenreiche Dolomite sind selten (Binntal/Schweiz; Hall, Tirol und Leogang im Salzburger Land/Österreich), meist bildet er grob- bis feinkristalline Massen. Pseudomorphosen nach anderen Carbonaten treten verbreitet auf. Dolomit ist in seinen Eigenschaften und Vorkommen Calcit (➪S. 88) sehr ähnlich. Ein leichtes Unterscheidungsmerkmal bietet seine Eigenschaft, erst mit erwärmter Salzsäure zu reagieren, während Calcit dies schon mit kalter stürmisch tut.

Wissenswertes: Im Dolomitfels und Dolomitmarmor stellt Dolomit ein weit verbreitetes gesteinsbildendes Mineral dar. Er entsteht häufig durch metasomatische Verdrängung von Kalkstein. Große Kristalle sind zum Beispiel von Trepča/Kosovo sowie Oberndorf und Trieben, Steiermark/ Österreich bekannt. Im Binntal/Schweiz und in Rézbánya, Siebenbürgen/Rumänien findet man klare, aufgewachsene Kristalle. Die schönsten Kristallstufen, meist klare, farblose Durchdringungszwillinge zweier Rhomboeder, stammen zweifellos von Navarra/Spanien.

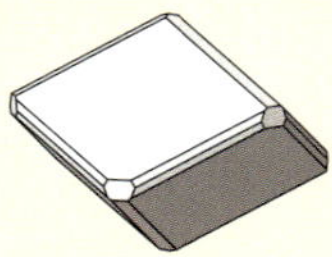

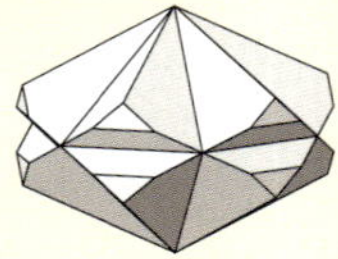

Dolomit dient als Rohstoff zur Herstellung von Düngemitteln sowie von hochfeuerfester Keramik zum Auskleiden von Schmelz- und Brennöfen.

S. 97 o.: Dolomit, Navarra/Spanien; 75 x 55 mm

Aragonit $Ca[CO_3]$

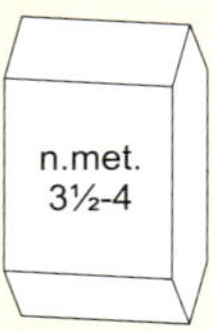

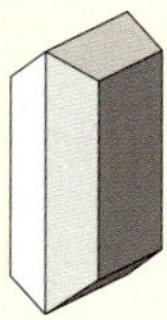

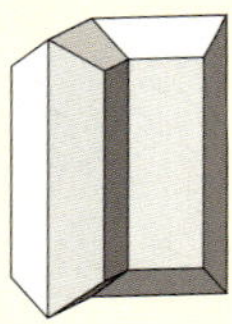

Merkmale: Farblos, weiß, weingelb, rötlich, grün, bläulich, grau, schwarz; Dichte 3,0 g/cm³; Spaltbarkeit undeutlich; kristallisiert prismatisch bis spitzpyramidal, formenreich. Einkristalle sind selten, ausgesprochen pseudohexagonale Durchdringungszwillinge kommen häufig vor. Oft findet man auch radialstrahlige Aggregate von stängeligen oder nadeligen Kristallen, kugelige, knollige, stalaktitische Gebilde und Sinterkrusten in heißen Quellen (zum Beispiel **Pisolith**, der so genannte Erbsenstein, von Karlsbad/Tschechien). Als **Eisenblüte** bezeichnet man die schneeweiße und korallenartig verästelte Ausbildungsform.

Wissenswertes: Aragonit, der die gleiche chem. Zusammensetzung wie Calcit (➪S. 88) aufweist, bildet zusammen mit Strontianit, Witherit und Cerussit (➪S. 98) eine Reihe strukturell gleicher Mineralien, die alle durch die pseudohexagonale Zwillingsbildung ausgezeichnet sind. Er entsteht meist metasomatisch durch Auslaugungsvorgänge in Erzlagerstätten. Man findet ihn in Aragonien/Spanien und auf Schwefellagerstätten in Sizilien in Ton und Gips eingewachsen. Schöne Kristalle entstanden auch in jungen Ergussgesteinen (Tuffen) auf Klüften und Hohlräumen neben Zeolithen (Eifel, Sasbach am Kaiserstuhl). Aragonit ist unter atmosphärischen Bedingungen instabil und wandelt sich nach einiger Zeit in Calcit um.

S. 97 u.l.: Aragonit, Miglanilla/Spanien; 35 x 48 mm
S. 97 u.r.: Aragonit (Eisenblüte)
Erzberg, Steiermark/Österreich; 60 x 88 mm

Strontianit $Sr[CO_3]$

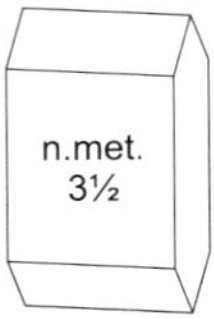

Merkmale: Farblos, weiß, grau, gelblich oder grünlich; Dichte 3,7 g/cm^3; Spaltbarkeit deutlich; Kristalle nadelig, spießig, oft büschelig verwachsen; tritt auch als derbe, strahlige oder faserige Aggregate auf.

Wissenswertes: Strontianit, ein Mineral der Aragonitreihe (⇨S. 96), kommt hydrothermal auf Erzgängen vor (z.B. in Clausthal und Bad Grund/Harz, Leogang, Salzburger Land/Österreich); besonders flächen- und farbenreiche Kristalle stammen von Oberndorf, Steiermark/Österreich und Dreislar/Sauerland. Er dient als ein wichtiges Strontiumerz. Strontium findet Verwendung zur Herstellung von Feuerwerkskörpern, in der Stahlindustrie und als Legierungsmetall.

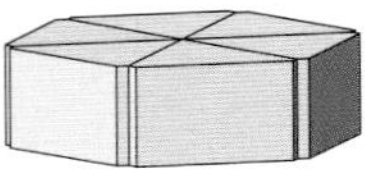

S. 99 o.l.: Strontianit
Leogang/Österreich; 27 x 38 mm

Witherit $Ba[CO_3]$

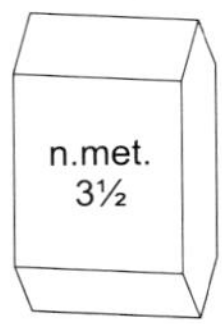

Merkmale: Farblos, weiß, grau, gelblich weiß; Dichte 4,3 g/cm^3; Spaltbarkeit deutlich; selten gut ausgebildete Kristalle, sechsseitige Dipyramiden infolge Drillingsbildung; kommt vorwiegend in kugeligen und traubigen Aggregaten von säulenförmigen oder stängeligen Kristallen vor.

Wissenswertes: Witherit (Aragonitreihe, ⇨S. 96) ist wenig verbreitet. Er entsteht hydrothermal auf Bleierzgängen (Northumberland, Westmoreland und Alston Moor in Cumberland/England) und kontaktmetasomatisch in großen Mengen in El Portal, Kalifornien/USA. Bis zu 2 cm große Kristalle fand man in Freiberg/Sachsen.

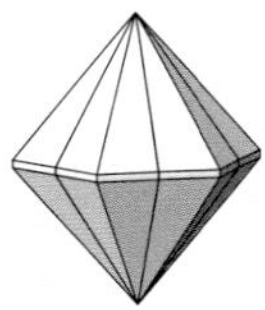

S. 99 o.r.: Witherit
Hartenstein, Sachsen/BRD; 44 x 65 mm

Cerussit, Weißbleierz $Pb[CO_3]$

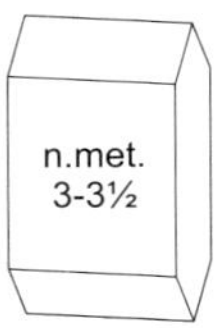

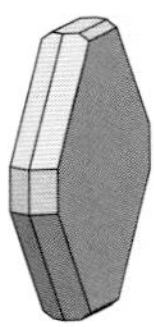

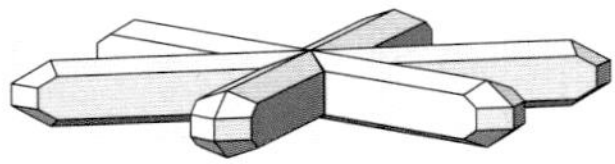

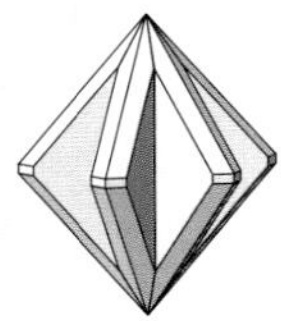

Merkmale: Farblos, weiß, grau, gelb, braun, durch eingeschlossenen Galenit schwarz (Schwarzbleierz); Dichte 6,4 g/cm^3; Spaltbarkeit undeutlich; außerordentlich flächenreiche Kristalle (fast immer pseudohexagonale Durchdringungsdrillinge), die stern-, fächer- oder sogar wabenartige Verwachsungen bilden (Gitterbleierz); einfache Zwillinge oft speerspitzenartig ausgebildet; auch derb, nierenförmig, stängelig, als bündel- und büschelförmige Aggregate, dünne Überzüge, pulvrig und erdig (Bleierde, stark verunreinigt). Charakteristisch sind Pseudomorphosen nach Galenit. Im ultravioletten Licht fluoresziert Cerussit blaugrün.

Wissenswertes: Cerussit (Aragonitreihe, ⇨S. 96) ist ein weit verbreitetes, typisches Sekundärmineral von Oxidationszonen in Erzlagerstätten und meist mit anderen sekundären Blei-, Zink- oder Kupfermineralien vergesellschaftet. Es stellt ein wichtiges Bleierz dar, das schon in alten Bergbaugebieten abgebaut wurde. Prachtvolle Stufen kamen vor allem aus den Bleilagerstätten des Schwarzwalds, Siegerlands, Oberharzes, von Friedrichssegen bei Bad Ems, Monte Poni, Sardinien/Italien, Leadhills/Schottland, Leadville, Colorado/USA und Broken Hill/Australien. Die schönsten, klaren und sehr großen Kristalle stammen aus Tsumeb/Namibia und Touissit/Marokko. Cerussit ist gelegentlich auch als Neubildung auf den Halden alter Erzgruben zu finden.

S. 99 u.: Cerussit, Tsumeb/Namibia; 45 x 30 mm

Azurit, Kupferlasur $Cu_3[OH|CO_3]_2$

Merkmale: Lasurblau; Dichte 3,7-3,9 g/cm³; Spaltbarkeit vollkommen; flächenreiche, oft sehr schön blanke und scharfkantige Kristalle, auch kugelige Aggregate, ein- und aufgewachsen, manchmal derb, erdig, strahlig, in nierigen, traubigen Formen oder als Anflug; häufig durch Malachit pseudomorphisiert.

Wissenswertes: Azurit entsteht in der Oxidationszone von Kupferlagerstätten. Außergewöhnliche Kristalle kommen von Tsumeb/Namibia, Touissit/Marokko, Chessy/Frankreich, Bisbee, Arizona/USA. Wegen seiner überaus attraktiven Farbe findet Azurit Verwendung als Schmuckstein und, zu Pulver zerrieben, als Pigment.

S. 101 o.l.: Azurit
Altenmittlau, Spessart/BRD; 9 x 12 mm

Malachit $Cu_2[(OH)_2|CO_3]$

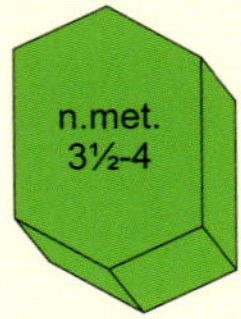

Merkmale: Smaragdgrün, licht blaugrün, schwärzlich grün, hellgrün; Dichte 4,0 g/cm³; Spaltbarkeit gut; meist dünne, nadelig prismatische Kristalle, haarförmige Büschel, derb; nierig-traubige, stalaktitische Aggregate als Schmucksteine.

Wissenswertes: Malachit ist allgegenwärtig bei der Verwitterung von Kupfermineralien und stellt deshalb das Leitmineral dar für die Oxidationszone Kupfer führender Lagerstätten. Besondere Vorkommen sind im Siegerland, in Tsumeb und Onganja/Namibia, Rudabánya/Ungarn, Zaire und im Ural (tonnenschwere Massen). Pseudomorphosen nach anderen Kupfererzen (besonders Azurit) sind typisch.

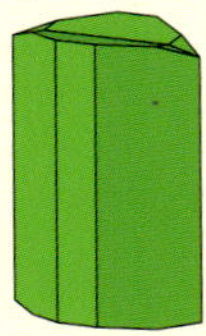

S. 101 o.r.: Malachit, Grube Wolf bei Herdorf, Siegerland/BRD; 17 x 25 mm

Phosgenit $Pb_2[Cl_2|CO_3]$

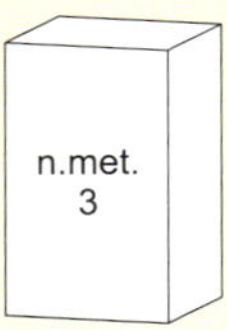

Merkmale: Weiß, grau, gelb; Dichte 6,0-6,3 g/cm³; Spaltbarkeit vollkommen; flächenreiche, kurz- oder langsäulige, häufig dicktafelige oder pyramidale Kristalle, auch massig oder körnig. Eine typische Eigenschaft der Kristalle ist ihre Milde.

Wissenswertes: Phosgenit entsteht in der Oxidationszone als sekundäres Mineral aus Galenit. Große Kristalle wurden in Monte Poni, Sardinien/Italien und Matlock, Derbyshire/England gefunden. Dünne Täfelchen gibt es aus der Grube Christian Levin bei Essen, klare Kristalle in der Schlacke von Laurion/Griechenland. Pseudomorphosen von Cerussit, die in ihrem Kern noch Phosgenit enthalten, kennt man von Bytom (Beuthen), Oberschlesien/Polen. Ein anderer Name für Phosgenit ist **Bleihornerz**.

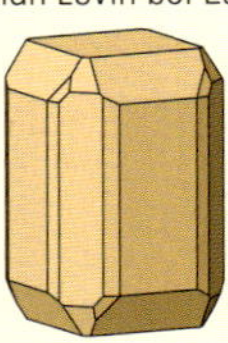

S. 101 u.l.: Phosgenit
Monte Poni, Sardinien/Italien; 17 x 25 mm

Aurichalcit $(Zn,Cu)_5[(OH)_3|CO_3]_2$

Merkmale: Grünblau bis himmelblau; Dichte 4,2 g/cm³; Spaltbarkeit vollkommen. Aurichalcit kristallisiert selten in einzelnen, freistehenden Kristallen, sondern meist in dünnen, biegsamen Plättchen als Rosetten und Krusten, auch als Büschel von feinen, seidenglänzenden, nadeligen Kristallen. Oft findet man ihn auf Limonit aufgewachsen.

Wissenswertes: Aurichalcit (auch **Messingblüte** genannt) entsteht sekundär in der Oxidationszone von Zink- und Kupfersulfidlagerstätten durch Ausfällung aus carbonathaltigem Wasser. Er ist ein verbreitetes, aber nie in großer Menge auftretendes Mineral, das jedoch durch seine reizvolle Farbe und Ausbildung auffällt. Fundpunkte sind zum Beispiel Laurion/Griechenland, Chessy/Frankreich, Leadhills/Schottland, Monteponi, Rosas, Oneta/Italien, Tsumeb/Namibia, Bisbee, Arizona/USA und Mexiko.

S. 101 u.r.: Aurichalcit
Laurion/Griechenland; 13 x 19 mm

VI. Sulfate, Chromate, Molybdate, Wolframate

In diese Klasse gehören die oft sehr farbenprächtigen Salze der Schwefelsäure $H_2[SO_4]$, der Chromsäure $H_2[CrO_4]$, der Molybdänsäure $H_2[MoO_4]$ und der Wolframsäure $H_2[WO_4]$. Die Zentralionen S^{6-}, Cr^{6-}, Mo^{6-} und W^{6-} sind etwas größer als die der V. Klasse und befinden sich daher in der Lücke eines aus vier Sauerstoffionen gebildeten tetraedrischen Komplexes.

Die Mineralien dieser Klasse sind in den allermeisten Fällen Verwitterungsprodukte. Die z.T. wenig beständigen Sulfate finden sich oft im »Eisernen Hut«, der Verwitterungszone sulfidischer Lagerstätten, andere, wie z. B. Gips und Anhydrit, sind Eindunstungsprodukte aus Meer- oder Binnenseewasser; auch finden sich oft dicke Barytablagerungen um Rohre alter Gruben. In semi-ariden Gebieten der Erde kristallisieren Sulfate nahe der Oberfläche aus dem Grundwasser aus; so bilden sich die »Wüstenrosen« aus Gips.

Auch die auffallenden Chromate, Molybdate und Wolframate sind typisch für Oxidationszonen sulfidischer Erzlagerstätten, aber auch häufig in pegmatitisch-pneumatolytischen Lagerstätten anzutreffen.

Gips auf gediegen Schwefel

Anhydrit Ca[SO_4]

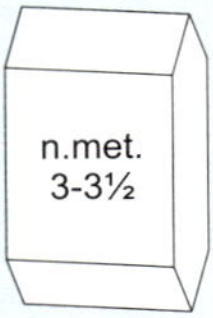

Merkmale: Farblos, trüb weiß oder bläulich bis violett; Dichte 2,9-3,0 g/cm³; Spaltbarkeit vollkommen; Kristalle selten; der »alpine Typ« ist würfelig, andere Kristalle prismatisch, solche aus hydrothermalen Gängen oft tafelig, Flächen stark gestreift; kommt überwiegend derb, grob- bis feinkörnig und faserig vor.

Wissenswertes: Als gesteinsbildendes Mineral ist Anhydrit weit verbreitet und oft vergesellschaftet mit Gips in Evaporiten. Vorkommen sind im deutschen Zechstein, in metamorph überprägten Salzlagerstätten und auf hydrothermalen Gängen. Durch Wasseraufnahme geht er in Gips über und bildet Schlangenalabaster.

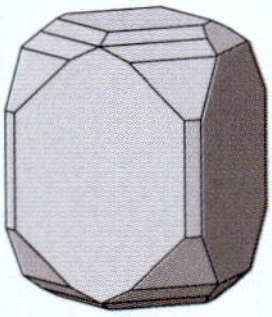

S. 105 o.l.: Anhydrit
Wathlingen bei Celle/BRD; 20 x 30 mm

Coelestin Sr[SO_4]

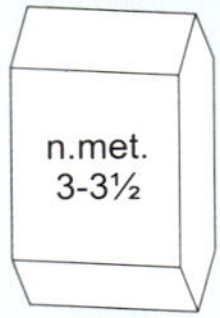

Merkmale: Farblos, weiß, gelblich, blau; Dichte 3,9-4,0 g/cm³; Spaltbarkeit vollkommen. Die Kristalle sind flächenreich, tafelig, prismatisch; auch faserige, blättrige, kugelige und körnige Aggregate treten auf.

Wissenswertes: Coelestin ähnelt in allen Eigenschaften Baryt. Er ist weit verbreitet als primäres und sekundäres Mineral und kommt gelegentlich als hydrothermale Bildung in sehr schönen Kristallen auf Gängen und in Blasenräumen vulkanischer Gesteine vor. Gute Kristalle treten z.B. auf in Leogang, Salzburger Land/Österreich, neben Schwefel, Gips und Calcit in Kalksteinen von Agrigento/Sizilien und in prächtigen Drusen von Majunga/Madagaskar.

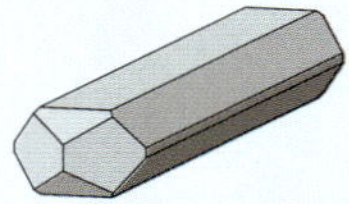

S. 105 o.r.: Coelestin auf Schwefel
Sizilien/Italien; 40 x 60 mm

Baryt, Schwerspat Ba[SO_4]

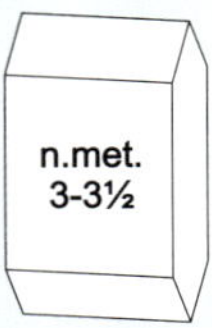

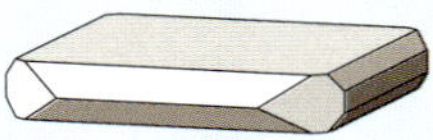

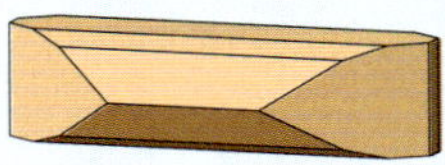

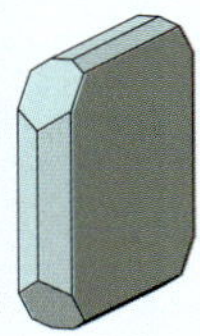

Merkmale: Farblos, trübweiß, gelb, blassblau, rötlich, durch Bitumen oder Sulfidstaub grau bis schwarz; Dichte: 4,5 g/cm³; Spaltbarkeit: vollkommen. Baryt ist mit mehr als 200 bekannten Formen eines der flächenreichsten Mineralien. Typisch sind tafelige oder prismatische Formen. Häufig tritt Baryt in parallel angeordneten Aggregaten aufgewachsen auf, als rosettenartige »Baryt-Rosen«, auch dicht, blättrig, spätig, schalig, erdig.

Wissenswertes: Baryt ist ein typisches Gangmineral und Begleiter sulfidischer Erze. Er findet sich meist auf niedrig temperierten, hydrothermalen Erzgängen. Die wohl schönsten Kristalle stammen aus Cumberland/England, weitere klassische Vorkommen liegen im Harz, Erzgebirge, Sauerland (Dreislar), Schwarzwald (Grube Clara bei Wolfach), in Westfalen (Meggen), Príbram/Tschechien und Kielce/Polen. Bei der Eindunstung von Lösungen entstehen sedimentäre Barytrosen und -knollen (z.B. in Münzenberg, Hessen). Baryt wird für die Herstellung schwerer Kunstdruckpapiere benötigt. Eine große Menge der Produktion dient heute zum Beschweren der Bohrflüssigkeit bei Tiefbohrungen auf Erdöl (»Ölspat«), um ein unkontrolliertes Entweichen von Öl oder Gas zu verhindern. Da er radioaktive Strahlen und Röntgenstrahlen absorbiert, wird Baryt im Reaktorbeton zum Strahlenschutz und in der Medizin als Kontrastmittel verwendet.

S. 105 u.: Baryt
Dreislar, Sauerland/BRD; 90 x 65 mm

Linarit $PbCu[(OH)_2|SO_4]$

Merkmale: Lasurblau; Dichte 5,3-5,5 g/cm³; Spaltbarkeit vollkommen; gestreckte, oft dünntafelige Kristalle bis zu 10 cm Länge; oft in Gruppen aufgewachsen; auch Krusten und Aggregate von ungeregelt verwachsenen Kristallen; Zwillingsbildungen häufig.

Wissenswertes: Linarit ist als sekundäres Mineral in der Oxidationszone von Blei- und Kupferlagerstätten weit verbreitet. Herrliche, große Kristalle kommen von der Mammoth Mine, Arizona/USA, von Linares/Spanien, Tsumeb/Namibia, England, Schottland und Sardinien. Linarit ähnelt in Aussehen und Vorkommen außerordentlich dem Azurit (⇨S. 100), ist aber viel seltener und von diesem leicht durch die Salzsäureprobe zu unterscheiden.

S. 107 o.l.: Linarit, Tsumeb/Namibia; 20 x 30 mm

Anglesit $Pb[SO_4]$

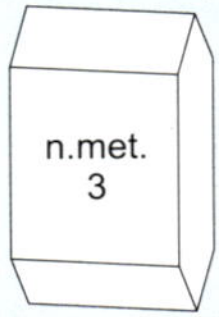

Merkmale: Farblos, wasserhell, weiß, grau, rot, bläulich, oft ein schwärzlicher Hauch (durch Galenit) auf den Kristallflächen; Dichte 6,3 g/cm³; Spaltbarkeit deutlich; Kristalle sind flächenreich, tafelig mit rautenförmigem Umriss, auch prismatisch oder bipyramidal; bildet oft derbe Krusten um Galenit und pseudomorphisiert diesen manchmal.

Wissenswertes: Anglesit entsteht in der Oxidationszone vieler Galenitlagerstätten (Siegerland, Iglesias/Sardinien); sehr große Kristalle mit einem Gewicht von teilweise vielen Kilogramm kommen von Tsumeb/Namibia und seit einigen Jahren auch von Touissit/Marokko. In seltenen Fällen entsteht Anglesit auch als Sublimationsprodukt von Vulkanen.

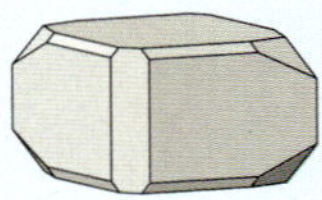

S. 107 o.r.: Anglesit, Touissit/Marokko; 30 x 44 mm

Caledonit $Pb_5Cu_2[(OH)_6|CO_3|(SO_4)_3]$

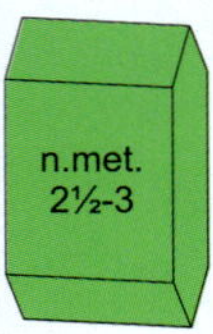

Merkmale: Dunkelgrün, blaugrün, blau; Dichte 5,6-5,7 g/cm³; Spaltbarkeit deutlich. Caledonit kristallisiert in schmalen, prismatischen Kristallen, oft in wirrstrahligen Aggregaten, nadelig oder büschelig, auch derb und als feiner Belag kommt er vor. Häufig erkennt man eine deutliche Flächenstreifung.

Wissenswertes: Caledonit ist ein seltenes Oxidationsprodukt in Kupfer- und Bleilagerstätten. Er wurde zuerst in Leadhills/Schottland gefunden. In gut ausgebildeten Kristallen kommt er auch in Red Gill in Cumberland/England, Beresowsk, Ural/Russland, Talisman Mine, Utah/USA und Tsumeb/Namibia vor. Hervorragende blaue, flächenreiche Caledonite gibt es von der Mammoth Mine, Arizona/USA. Schöne Kristalle sind begehrte Sammlerobjekte.

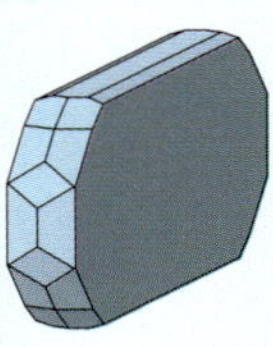

S. 107 u.l.: Caledonit, Leadhills/England; 4 x 6 mm

Cyanotrichit $Cu_4Al_2[(OH)_{12}|SO_4]\cdot 2H_2O$

Merkmale: Hell himmelblau bis azurblau; Dichte 2,7-3,0 g/cm³; Spaltbarkeit wegen der geringen Dicke der Kristalle nicht bestimmbar. Cyanotrichit kommt in samtartigen Aggregaten von äußerst feinen Fasern vor, zum Teil auch in radialstrahligen Büscheln.

Wissenswertes: Der sehr seltene Cyanotrichit entsteht als sekundäres Mineral in der Oxidationszone von Kupferlagerstätten. Herrliche haarförmige Aggregate zusammen mit Brochantit fand man in der Grandview Mine, Greenlee County, Arizona/USA. Weitere Fundstellen sind in Nevada und Utah/USA, in Cap Garonne/Frankreich, im Banater Gebirge/Rumänien und im Namaqualand/Südafrika. Der Name ist abgeleitet vom griechischen *kyanos* = blau und *thrix* = Haar. Andere gebräuchliche Namen für dieses Mineral sind **Lettsomit** und **Kupfersamterz**.

S. 107 u.r.: Cyanotrichit Moldawa, Banat/Rumänien; 9 x 12 mm

Gips, Selenit $Ca[SO_4] \cdot 2H_2O$

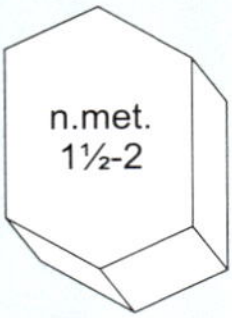

Merkmale: Farblos, weiß, durch Einschlüsse von Ton und Bitumen auch schwarz; Dichte 2,3-2,4 g/cm³; Spaltbarkeit vollkommen, Spaltstücke klarer, großer Kristalle sind völlig transparent (**Marienglas**); Kristalle ein- und aufgewachsen, in Gruppen oder rosettenartig angeordnet, oft flächenreich und stark gestreift, prismatisch, tafelig oder linsenförmig mit stark gekrümmten Flächen. Derbe, körnige, parallelfaserige (Fasergips), schuppige (Schaumgips) und dichte Massen (**Alabaster**) sind bekannt, ebenso gebogene und schlangenförmig gewundene Kristalle (Gipslocken). Zwillinge sind typisch (z.B. Schwalbenschwanz-Zwillinge). Dünne Plättchen lassen sich biegen. Beim Anschlagen riecht Gips unangenehm, wegen seiner geringen Härte ist er mit dem Fingernagel ritzbar.

Wissenswertes: Gipskristalle sind zum Teil riesig und weltweit in großer Menge und guter Ausbildung zu finden. Im Februar 2001 wurde eine gigantische Druse von den Ausmaßen einer Kirche in einem Silber-Zink-Bergwerk bei Naica, Chihuahua/Mexiko in ca. 300 m Tiefe gefunden, die mit Kristallen bis zu 6 m Länge ausgefüllt ist. Die Druse soll als Touristenattraktion erhalten und erschlossen werden.

Gips entsteht stets aus wässriger Lösung, meist sekundär durch Auslaugungsvorgänge. Dabei bilden sich häufig Pseudomorphosen, z.B. nach Anhydrit, Steinsalz, Kalkspat. Im Gelände machen sich gipsführende Schichten oft durch Höhlen- oder Dolinenbildung bemerkbar. Die in ungeheuren Mengen in Wüstengebieten im Bereich des Grundwasserspiegels gebildeten **Wüsten- oder Sandrosen** enthalten Quarzkörner als Einschlüsse. Gips ist ein frühes Ausscheidungsprodukt beim Eindunstungsprozess von Lagunen und Salzseen, so z.B. in sehr vielen Salzlagerstätten Norddeutschlands, in Frankreich und Italien. Schöne Kristalle entstehen besonders häufig durch Einwirkung der bei der Pyritverwitterung entstehenden Schwefelsäure auf Kalk (Wiesloch/Baden). Große, klar durchsichtige, farblose Kristalle kennt man aus dem Harz (Eisleben), dem Thüringer Wald, von Sizilien (⇨ Abb. S. 103), Mexiko und zahlreichen weiteren Vorkommen, große, gelbliche Zwillinge vom Montmartre, Paris/Frankreich. Häufig findet man Gips als Neubildung aus Grubenwässern.

Gips ist einer der wichtigsten Rohstoffe in der Bauindustrie. Durch Erhitzen (Brennen) verliert er schon bei Temperaturen knapp über 100° C den größten Teil seines Wassers und wird zum Halbhydrat, einem feinen, weißen Pulver. Bei Zugabe von Wasser bildet sich daraus schnell eine feinfilzige, zähe, feste Masse aus neu kristallisiertem Gips (Stuckgips). Durch stärkeres Erhitzen wird der Gips wasserfrei, man sagt auch »tot«. In dieser Form nimmt er erst allmählich wieder Wasser auf (Estrich- oder Mörtelgips). Gips wird vor allem zur Herstellung von Gipskartonplatten, Bausteinen und Innenputz verwendet. Diese Baustoffe sind verwitterungsanfällig, im Außenbereich müssen sie geschützt werden. Weiterhin wird Gips als Düngemittel und in der Medizin für Abgüsse und Verbände verwendet. Die Hauptproduktion an Gips stammt heute aus der Rauchgasentschwefelung von Kraftwerken.

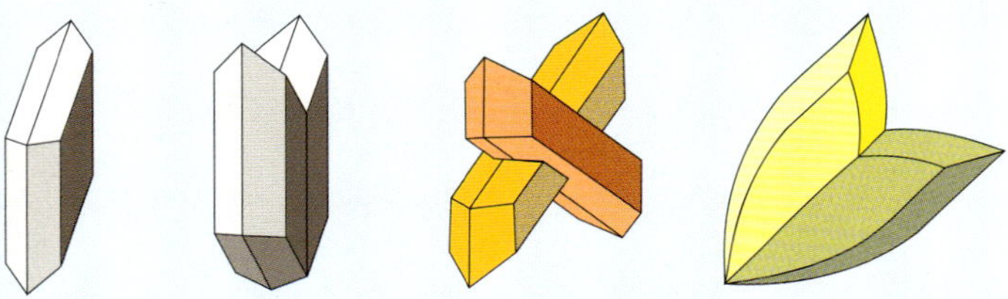

S. 109 o.: Gips (Sandrose)
El Bour bei Ovargla/Algerien; 90 x 65 mm
S. 109 u.: Gips, Eisleben/BRD; 110 x 80 mm

Scheelit, Tungstein $Ca[WO_4]$

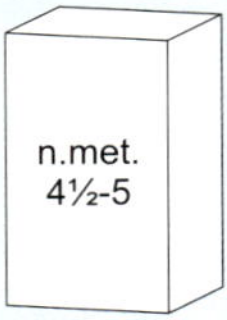

Merkmale: Farblos, weiß, grau, hell gelblich, bräunlich, orangegelb, grünlich, violett, rötlich; Dichte 5,9-6,1 g/cm³; Spaltbarkeit deutlich; meist ein- oder aufgewachsene pseudooktaedrische Kristalle; typisch sind Pseudomorphosen nach Wolframit und umgekehrt; unter kurzwelligem ultraviolettem Licht stark bläulich bis gelblich fluoreszierend.

Wissenswertes: Scheelit wird vor allem pegmatitisch-pneumatolytisch in Kalken gebildet. Riesige, bis zentnerschwere Kristalle kommen sowohl aus Brasilien wie aus Namibia, über 30 cm große Scheelite findet man in Japan und Korea und neuerdings auch in Sichuan/China.

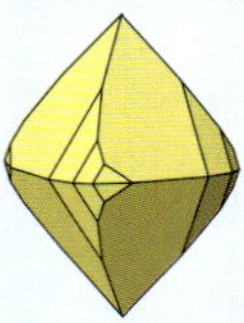

S. 111 o.l.: Scheelit
Fürstenberg, Sachsen/BRD; 6 x 9 mm

Krokoit, Rotbleierz $Pb[CrO_4]$

Merkmale: Gelblich rot; Dichte 5,9-6,0 g/cm³; Spaltbarkeit vollkommen; Kristalle selten gut ausgebildet und flächenreich, meist stängelig, zusammengehäuft und durcheinander gewachsen; häufig längsgestreift, prismatische Kristalle oft hohl; auch derb und eingesprengt tritt Krokoit auf.

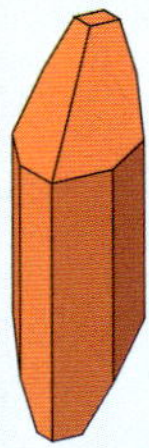

Wissenswertes: Krokoit ist ein seltenes Sekundärmineral und entsteht beim Einwirken von chromhaltigen Lösungen auf Galenit. Fundstellen sind Beresowsk, Mursinsk, Nishnij Tagil/Russland, Ober Callenberg/Sachsen und Tasmanien/Australien (von letzterem kommt Krokoit in großer Menge und hervorragender Qualität).

S. 111 o.r.: Krokoit
Beresowsk, Ural/Russland; 12 x 17 mm

Wulfenit, Gelbbleierz $Pb[MoO_4]$

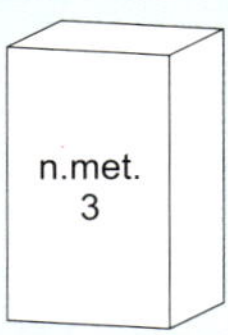

Merkmale: Verschiedene Abstufungen von orange und gelb, orangebraun bis braun, grünlich braun, grau, seltener feuerrot oder farblos und blau; Dichte 6,7-6,9 g/cm³; Spaltbarkeit deutlich; fast immer aufgewachsen in zelligen Gruppen von dünnen Tafeln; auch pyramidal oder kurzsäulig; derbe, drusige und löcherige Aggregate, kristalline Krusten; bildet Pseudomorphosen nach Galenit.

Wissenswertes: Wulfenit entsteht in der Oxidationszone von sulfidischen, molybdänhaltigen Bleierzlagerstätten und tritt manchmal so reichlich auf, dass er als Molybdänerz abgebaut werden kann, wie zum Beispiel in Bleiberg-Kreuth in Kärnten/Österreich und Mežica/Slowenien. Von diesen Lokalitäten gibt es große Mengen schöner gelber Stufen. Graue Wulfenite kommen von Příbram/Tschechien. Die Wulfenite von Tsumeb/Namibia sind durch besondere Farb- und Formenvielfalt gekennzeichnet. Farblose, blaue, gelbe und gelblich braune, flächenreiche Kristalle wur-

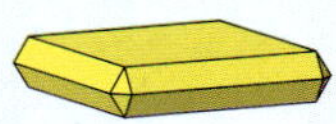

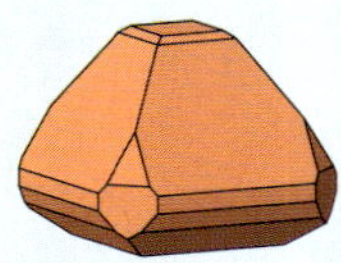

den dort gefunden, wobei die blaue Färbung durch Ersatz des Molybdäns durch Wolfram im Kristallgitter zustande kommt. Los Lamentos, Chihuahua/Mexiko ist bekannt für gelbe, würfelähnliche Wulfenite. Phantastische, rotorange gefärbte Kristalle bis zu 5 cm Größe begründen den Ruhm der Red Cloud Mine in Arizona/USA, die eigens zur Gewinnung von Wulfenit für Sammelzwecke betrieben wird.

1845 wurde das Mineral nach dem Österreicher Freiherr Franz Xaver von Wulfen benannt, der es als erster ausführlich beschrieb. Der alte Name Gelbbleierz diente zur Unterscheidung von andersfarbigen Bleimineralien. Heute ist Wulfenit lokal als Molybdänerz von Bedeutung.

S. 111 u.: Wulfenit, Mies/Tschechien; 50 x 36 mm

VII. Phosphate, Arsenate und Vanadate

Formal ähneln die Bauelemente dieser Klasse denen der VI. Klasse. Es sind gleichfalls Tetraeder-Komplexe, die aber hier 3-fach negativ geladen sind, abgeleitet von der Phosphorsäure $H_3[PO_4]$, der Arsensäure $H_3[AsO_4]$ und der Vanadinsäure $H_3[VO_4]$.
Auch in diesen kristallchemisch oft sehr komplizierten Verbindungen können Hydroxid-Gruppen, Fluor und Chlor sowie Uranoxid UO_2 und Kristallwasser als zusätzliche Komplexe eingebaut werden.
Die meisten Phosphate entstehen sekundär in der Oxidationszone sulfidischer Lagerstätten und bilden dort oft farbenprächtige Ausblühungen. Das wichtigste Phosphat, der Apatit, kann in allen Bereichen gebildet werden – von hoch temperierter magmatischer Entstehung bis hin zum Guano, den Exkrementen von Seevögeln. Als häufigster Phosphorträger in der Natur hat er große physiologische Bedeutung für Pflanzen und Tiere.
Die meist gelben oder grünen, glimmerartigen Uranverbindungen entstanden durch Oxidation.
Alle Mineralien dieser Klasse haben einen ausgesprochen nichtmetallischen Charakter.

Torbernit

Xenotim $Y[PO_4]$

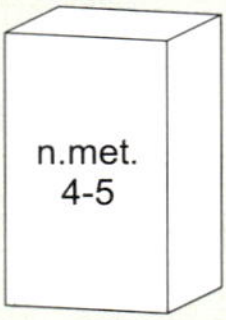

Merkmale: Gelblich bis rötlich braun, hellgrau, hellgelb, grünlich, rötlich; Dichte 4,5-5,1 g/cm³; Spaltbarkeit vollkommen; bildet kleine kurz- bis langsäulige oder dicktafelige Kristalle, Aggregate, Rosetten, kommt ein- und aufgewachsen und auch lose in Seifen vor.

Wissenswertes: Xenotim ist häufig radioaktiv und hat eine stark schwankende chemische Zusammensetzung. Seltene Erden, Thorium und Uran können das Yttrium ersetzen. Er kommt in vulkanischen und metamorphen Gesteinen sowie Pegmatiten vor (Hitterö/Norwegen, Ytterby/Schweden, St. Gotthard und Binntal/Schweiz) und ist das Hauptmineral für die Yttriumgewinnung.

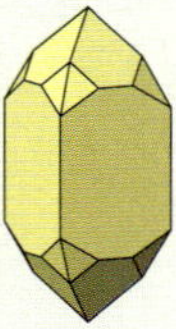

S. 115 o.l.: Xenotim, Binntal/Schweiz; 5 x 7 mm

Monazit $Ce[PO_4]$

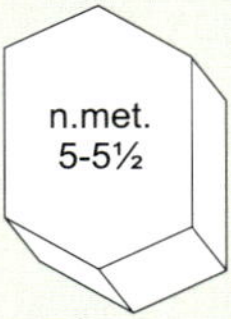

Merkmale: Dunkelbraun bis hellgelb, besonders häufig schmutzig gelbbraun; Dichte 4,8-5,5 g/cm³; Spaltbarkeit vollkommen; Kristalle tafelig, prismatisch, keilförmig oder pseudorhomboedrisch, auch mikroskopisch kleine Kristalle als Einschlüsse in anderen Mineralien; Flächen oft rau, geknickt, gerieft; häufig auch in Körnern und Geröllen.

Wissenswertes: Durch Uran- und Thoriumeinbau ist Monazit radioaktiv. Vorkommen liegen im Tavetsch-, Maderaner- und Binntal/Schweiz, in der Dauphiné/Frankreich, in Narestö/Norwegen sowie Miask, Ural/Russland und Antsirabe/Madagaskar.

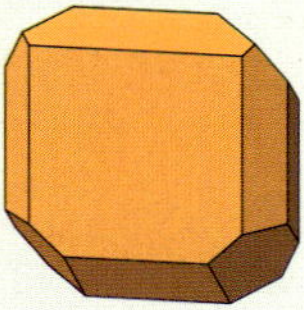

S. 115 o.r.: Monazit Arendal/Norwegen; 18 x 26 mm

Olivenit $Cu_2[OH|AsO_4]$

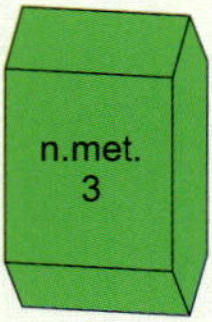

Merkmale: Olivgrün (daher der Name), seltener braun oder farblos; Dichte 4,3 g/cm³; Spaltbarkeit undeutlich; Olivenit kristallisiert in durchweg kleinen, prismatischen, nadeligen, tafeligen, oft büschelförmig angeordneten Kristallen, die einzeln aufgewachsen oder in Drusen zu finden sind. Auch in traubigen Aggregaten, nierig oder erdig, holzartig faserig kann er auftreten.

Wissenswertes: Olivenit kommt als Sekundärmineral in der Oxidationszone arsenreicher Kupfergänge vor (Schöne Aussicht bei Dernbach/Westerwald, Grube Clara bei Oberwolfach/ Schwarzwald, Cornwall und Cumberland/ England, Nishnij Tagil/Russland). Hervorragende Kristalle gibt es vor allem von Tsumeb/Namibia.

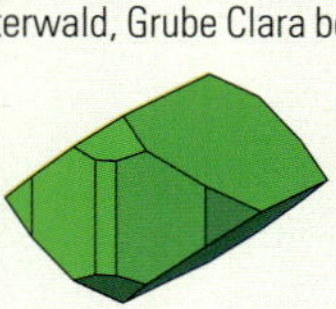

S. 115 u.l.: Olivenit auf Baryt Grube Clara, Oberwolfach/BRD; 4 x 6 mm

Pseudomalachit $Cu_5[(OH)_2|PO_4]_2$

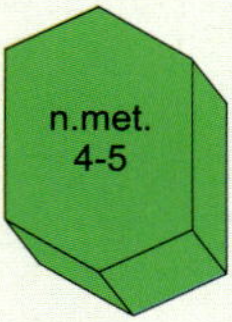

Merkmale: Span- bis pistaziengrün mit schwärzlich grünen Flecken; Dichte: 4,3 g/cm³; Spaltbarkeit: gut; bildet kleine, kurzsäulige Kristalle; kommt in strahlig-faserigen Aggregaten von konzentrisch-schaliger, radialfaseriger Ausbildung mit nierig-traubiger Oberfläche (Glaskopfstruktur) vor; Zwillingsbildung wurde beobachtet.

Wissenswertes: Pseudomalachit entsteht als sekundäres Mineral in Gesellschaft von Quarz, Chalcedon, Malachit, Cuprit, Chrysokoll und Limonit, beispielsweise in Rheinbreitbach oder Hirschberg im Vogtland, Hagendorf/Bayern, Cornwall/England, Bogolo/Portugal, in größeren Mengen zusammen mit Malachit auch bei Nishnij Tagil/Russland.

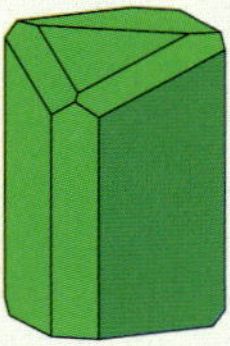

S. 115 u.r.: Pseudomalachit Rheinbreitbach/BRD; 15 x 22 mm

Apatit $Ca_5[(F,Cl,OH)|(PO_4)_3]$

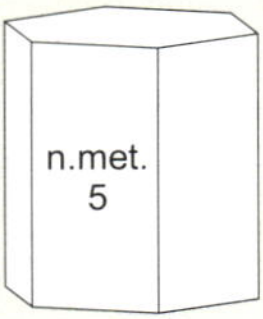

Merkmale: Meist farblos, weiß, auch grün, gelbgrün, blaugrün, gelb, braun, blau, violett oder rosa; Dichte 3,1-3,2 g/cm³; Spaltbarkeit deutlich; Kristalle langsäulig oder nadelförmig, ein- und aufgewachsen, in Drusen oft auch kurzsäulig, dicktafelig und flächenreich. Die Prismenflächen sind häufig gestreift. Apatit kommt auch in derben und erdigen Massen vor oder bildet körnige, faserig-strahlige Aggregate und Knollen sowie chalcedonartige Krusten (**Phosphorit**).

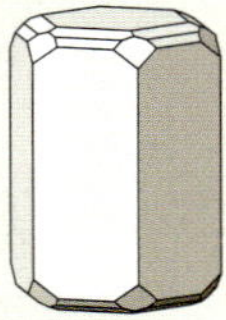

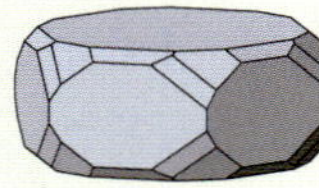

Wissenswertes: Apatit tritt in fast allen magmatischen Gesteinen auf, zum Teil sogar in abbauwürdigen Mengen (Apatity, Kola-Halbinsel/Russland, Phalaborwa/Südafrika). In Hohlräumen von Vulkaniten findet man oft schöne Kristalle (Vesuv/Italien, Eifel). Verbreitet ist er auch in Pegmatiten und pneumatolytischen Bildungen (Renfrew, Ontario/Kanada), in hoch temperierten hydrothermalen Gängen, in alpinen Klüften und in Metamorphiten zu finden. Apatit ist wichtiger Bestandteil von Guano (Vogelexkremente). Die besten Kristalle stammen aus dem Sulzbachtal/Österreich, Panasqueira/Portugal, Durango/Mexiko und aus dem Hunza-Tal/Pakistan. Apatit und Phosphorit werden fast ausnahmslos zur Herstellung von Düngemitteln verwendet, in geringem Maße auch in der chemischen Industrie, für Zündhölzer oder Phosphorbronze.

S. 117 o.l.: Apatit, Hunza/Pakistan; 20 x 30 mm
S. 117 o.r.: Apatit
Cerro de Mercado, Durango/Mexiko; 20 x 30 mm

Pyromorphit, Grünbleierz $Pb_5[Cl|(PO_4)_3]$

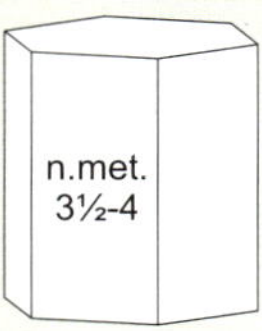

Merkmale: Meist verschiedene Grüntöne, auch braun, wachs- und honiggelb, orangerot, farblos, selten schwarz; Dichte 6,7-7,0 g/cm³; Spaltbarkeit keine; kristallisiert fast nur prismatisch; oft in wirrstrahlig verwachsenen, nadelförmigen Kristallen, auch parallel oder radial angeordnet; meist aufgewachsen, selten doppelendig ausgebildet. Größere Individuen setzen sich oft aus vielen kleinen Subindividuen zusammen. Die Prismenflächen sind häufig gekrümmt, was den Kristallen ein fassförmiges Aussehen verleiht (sog. Emser Tönnchen). Auch kugelige oder traubige Aggregate und körniger Pyromorphit kommen vor.

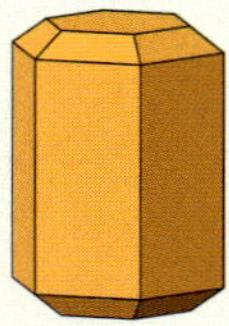

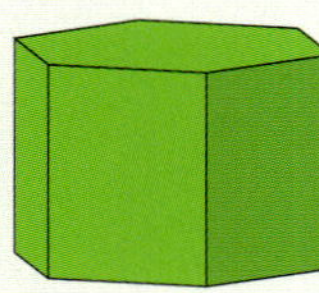

Wissenswertes: Pyromorphit ist ein wichtiges Sekundärmineral in vielen Galenitlagerstätten und wird immer oberflächennah gebildet. Der dazu benötigte Phosphor stammt kurioserweise oft eindeutig von Fäkalien und Knochen von Tieren und wird mit dem Grundwasser zum Primärerz transportiert. Die meisten klassischen Fundstellen sind heute erschöpft, so etwa im Harz, im sächsischen Erzgebirge, in Badenweiler/Baden und bei Bad Ems. Berühmtheit erlangten die grünen »Emser Tönnchen« und die großen durch Galenit pseudomorphisierten Kristalle (**Blaubleierz**) von Kautenbach/Rheinland-Pfalz. Weitere klassische Vorkommen sind: Příbram, Stribro, Stiavnica/Tschechien, Cornwall/ England und Mapimi/Mexiko. Neue Funde in sehr guter Qualität kommen von Bunker Hill, Idaho/USA, La Farge/Frankreich und vor allem aus Guangxi/China.

S. 117 u.l.: Pyromorphit
Grube Friedrichssegen, Bad Ems/BRD; 30 x 44 mm
S. 117 u.r.: Pyromorphit
Grube Friedrichssegen, Bad Ems/BRD; 20 x 30 mm

Mimetesit $Pb_5[Cl|(AsO_4)_3]$

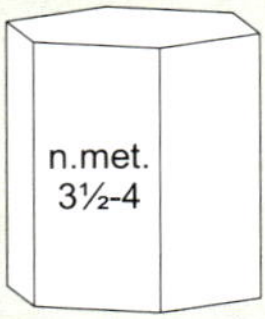

Merkmale: Meist gelb, seltener braun oder grün, auch weiß; <u>Dichte</u> 7,1 g/cm³; <u>Spaltbarkeit</u> keine; muscheliger Bruch; Kristalle ähneln Pyromorphit (⇨S.116); tonnenförmig, kurzsäulig, meist lange Prismen, auch traubig, nierig, erdig.

Wissenswertes: Mimetesit ist ein typisches sekundäres Mineral der oberen Teufen von arsenführenden Bleilagerstätten. Die weltweit am besten ausgebildeten Kristalle kommen von Tsumeb/Namibia und Johanngeorgenstadt/Sachsen. Durch Einbau von Phosphor in das Kristallgitter (Mischbarkeit zu Pyromorphit) entstehen runde, orangerote Kristalle von **Kampylit** (Cornwall/England).

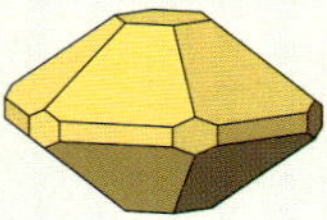

S. 119 o.l.: Mimetesit
Johanngeorgenstadt, Sachsen/BRD; 51 x 75 mm

Vanadinit $Pb_5[Cl|(VO_4)_3]$

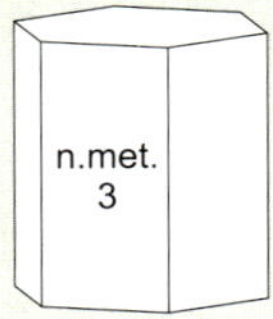

Merkmale: Meist leuchtend orangerot, auch gelb, braun bis bräunlich gelb; <u>Dichte</u> 6,8-7,1 g/cm³; <u>Spaltbarkeit</u> keine; bildet gewöhnlich prismatische, kurzsäulige, hexagonale Kristalle, spitze Pyramiden oder flächenreiche Nadeln, auch traubig-nierige, radialstrahlige Aggregate.

Wissenswertes: Vanadinit entsteht sekundär in der Verwitterungszone vieler Bleilagerstätten. Er kommt oft zusammen mit Pyromorphit und Mimetesit vor. Spektakuläre Kristalle stammen aus Mibladen/Marokko, große Individuen von Abenab/Namibia. Weitere Fundorte sind in Arizona und New Mexiko/USA und Los Lamentos/Mexiko.

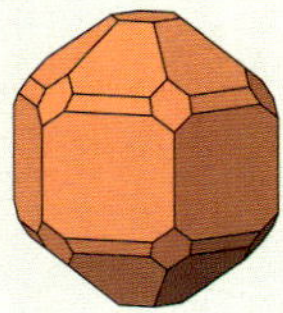

S. 119 o.r.: Vanadinit
Mibladen/Marokko; 18 x 26 mm

Strengit $Fe[PO_4]\cdot 2H_2O$

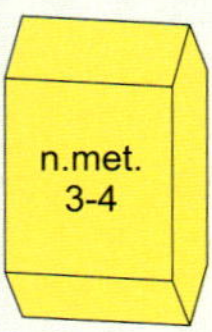

Merkmale: Rot in verschiedenen Tönen, violettblau, selten auch fast weiß oder farblos; <u>Dichte</u> 2,9 g/cm³; <u>Spaltbarkeit</u> vollkommen. Strengit bildet nur sehr selten kleine Kristalle, die dann pseudohexagonal ausgebildet sind. Normalerweise tritt er in Krusten und kugeligen, radialfaserigen Aggregaten aus dünnsten Kristalliten auf.

Wissenswertes: Das seltene Mineral ist ein Verwitterungsprodukt von eisenreichen Phospatmineralien und kommt oft gemeinsam mit Strunzit und Wavellit vor. Bekannte Fundpunkte sind die Gruben Eleonore und Rotläufchen bei Wetzlar/Hessen, Pleystein und Hagendorf/Bayern sowie Kiruna/Schweden. Bis 4 mm große Kristalle wurden in der Bull Moose Mine, Custer County, South Dakota/USA gefunden.

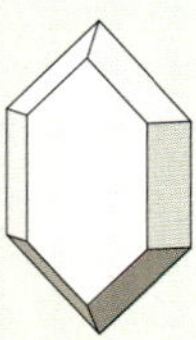

S. 119 u.l.: Strengit auf Beraunit
Grube Rotläufchen bei Wetzlar/BRD; 4 x 6 mm

Konichalcit $CaCu[OH|AsO_4]$

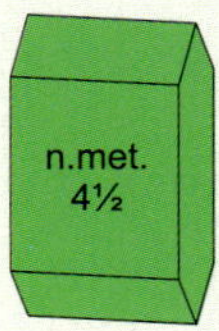

Merkmale: Pistazien- bis smaragdgrün; <u>Dichte</u> 4,3 g/cm³; <u>Spaltbarkeit</u> keine; spröde. Kristalle sind selten und sehr klein, gewöhnlich kurzsäulig. Meist kommt Konichalcit in radialfaserigen Aggregaten, nierenförmig, traubig oder als dünner Überzug vor.

Wissenswertes: Konichalcit und das makroskopisch kaum von ihm unterscheidbare Bleianalogon **Duftit** ($PbCu[OH|AsO_4]$) entstehen als sekundäre Mineralien in Kupferlagerstätten zusammen mit Limonit. Eine bekannte Fundstelle ist die Grube Clara, Oberwolfach/Schwarzwald, andere liegen in Andalusien/Spanien, Polen, Sibirien, Tsumeb/Namibia und Mexiko. Konichalcit kommt auch verbreitet in den Bergbaugebieten von Arizona (Bisbee), Utah, Nevada und South Dakota/USA vor.

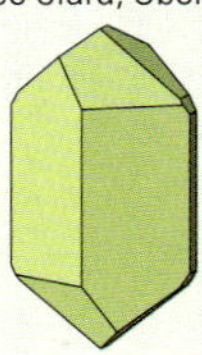

S. 119 u.r.: Konichalcit (grün) mit Olivenit
Laurion/Griechenland; 6 x 9 mm

Erythrin $Co_3[AsO_4]_2 \cdot 8H_2O$

Merkmale: Rosarot bis dunkelrot mit violetter Tönung (pfirsichblütenrot), durch Zersetzung perl- bis grünlich grau getönt; Dichte 3,1 g/cm³; Spaltbarkeit vollkommen. Die meist kleinen Kristalle sind tafelig, prismatisch, nadelförmig, oft gestreift, sie bilden büschelige, sternförmige, strahlig-blättrige Aggregate. Auch erdig und als Anflug kommt Erythrin vor.

Wissenswertes: Erythrin (**Kobaltblüte**) bildet sich in der Oxidationszone aus kobaltreichen Erzen,

wie Skutterudit und Cobaltit. Klassische Fundstätten sind Schneeberg/Sachsen und Richelsdorf/Hessen, besonders schön ausgebildete, 2-3 cm große, in blättrigen Rosetten gruppierte Kristalle kommen von Bou Azzer/Marokko.

S. 121 o.l.: Erythrin
Schneeberg, Sachsen/BRD; 16 x 24 mm

Annabergit $Ni_3[AsO_4]_2 \cdot 8H_2O$

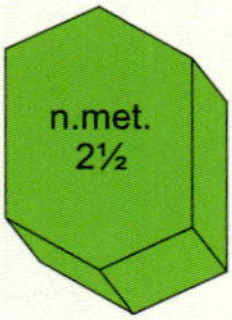

Merkmale: Hellgrün bis intensiv grün, apfelgrün, weiß, grau; Dichte 3,0-3,1 g/cm³; Spaltbarkeit deutlich; Kristalle sind tafelig, oft gestreift; das Mineral kommt teils als kristalline, kugelige Überzüge, teils als dichte, oft als erdige Massen vor.

Wissenswertes: Annabergit bildet sich sekundär in der Verwitterungszone (Eiserner Hut) von nickelhaltigen Erzlagerstätten. Er kommt als Belag und Überzug auf Nickelerzen vor, z.B. in Annaberg

(worauf der Name des Minerals zurückgeht) und Schneeberg/Sachsen, Richelsdorf/Hessen und Laurion/Griechenland. Häufige Begleitmineralien sind Erythrin und Pharmakolith. Ein anderer Name für Annabergit ist **Nickelblüte**.

S. 121 o.r.: Annabergit
Laurion/Griechenland; 5 x 7 mm

Vivianit $Fe_3[PO_4]_2 \cdot 8H_2O$

Merkmale: Ganz frisch farblos, durch Einfluss des Luftsauerstoffs verfärben sich die Kristalle sofort hellblau, blau, dunkelblau, blaugrün oder schwarz, das im Kristallgitter enthaltene zweiwertige Eisen wird dabei teilweise in dreiwertiges Eisen umgewandelt; Dichte 2,6-2,7 g/cm³; Spaltbarkeit gipsähnlich vollkommen; feine Spaltplättchen sind biegsam. Vivianit bildet langsäulige, meist aufgewachsene Kristalle, gewöhnlich in strahligen, faserigen Aggregaten, in Rosetten, Kugeln und Nieren; auch tafelig, krümelig und erdig (Blaueisenerde).

Wissenswertes: Vivianit entsteht in oberflächennahen Bereichen unter Abschluss von Luftsauerstoff aus Eisenmineralien. Auch in Pegmatiten können sich Eisenphosphate durch Wasseraufnahme in Vivianit umwandeln. In feinster Verteilung findet sich das Mineral weit verbreitet in tonigen Sedimenten.

Spektakuläre Kristalle mit einer Länge von über 1 m stammen von Anloua bei Ngaoundere/Kamerun und große, klare, dunkelgrün durchsichtige, bis 15 cm lange Kristalle von Oruro, Llallagua und Posokoni/Bolivien. Hervorragend schöne Vivianite gibt es auch von Trepča/Kosovo, St. Agnes, Cornwall/England, Waldsassen/Bayern, Cerro de Pasco/Peru, der Ibex Mine, Colorado und von vielen anderen Stellen in den USA. Vivianit wird auch oft als Bestandteil fossiler Knochen und Zähne gefunden. »Ötzi«, die ca. 5000 Jahre alte Gletschermumie, die 1991 im Ötztal gefunden wurde, war zum Teil von Vivianit bedeckt. Wegen der Farbähnlichkeit mit Türkis werden Vivianitkrusten, die sich auf fossilen Zähnen von Mammut etc. befinden, als Zahntürkis bezeichnet.

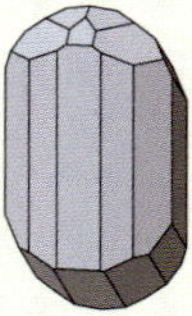

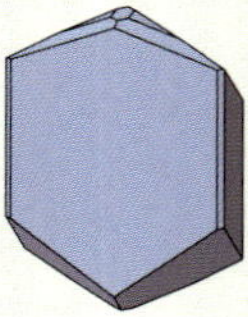

S. 121 u.: Vivianit, Trepča/Kosovo; 82 x 60 mm

Beraunit $Fe_3[(OH)_3|(PO_4)_2] \cdot 2\frac{1}{2}H_2O$

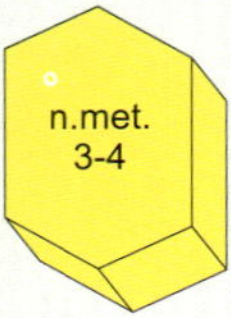

Merkmale: Hyazinthrot bis rotbraun, oft bunt angelaufen; Dichte 3,0 g/cm³; Spaltbarkeit deutlich; Kristalle selten und klein, tafelig, etwas gestreckt, längsgestreift; öfter radialfaserige Aggregate oder Krusten.

Wissenswertes: Beraunit entsteht als Verwitterungsprodukt pegmatitischer Phosphatmineralien (zum Beispiel in den Gruben Eleonore und Rotläufchen bei Wetzlar/Hessen, Scheibenberg/Sachsen, besonders schön vom Pleystein/Bayern). Ursprünglich hieß das Mineral nach der Grube, in der man es fand, **Eleonorit**, später wurde es nach dem Ort Beraun in Sachsen benannt.

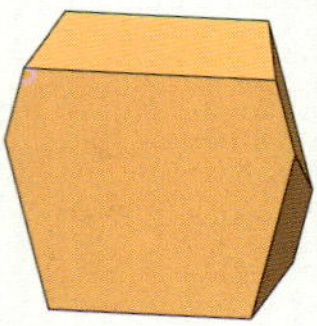

S. 123 o.l.: Beraunit
Grube Rotläufchen bei Wetzlar/BRD; 4 x 6 mm

Strunzit $MnFe_2[OH|PO_4]_2 \cdot 6H_2O$

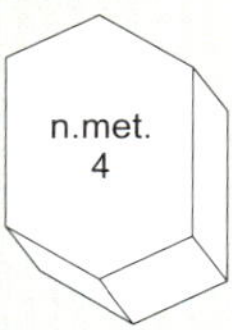

Merkmale: Strohgelb bis bräunlich gelb; Dichte 2,5 g/cm³; Spaltbarkeit wegen der geringen Kristalldicken nicht feststellbar. Das Mineral bildet ungeordnete, strahlige Büschel von bis zu 2 cm langen Fasern oder auch feine Überzüge.

Wissenswertes: Strunzit kommt in Pegmatiten als oberflächennahes Verwitterungsprodukt auf zersetzten Phosphaten wie zum Beispiel Beraunit vor. Wichtige Fundpunkte sind Hagendorf, Pleystein und Hühnerkobel/Bayern, Koralpe, Steiermark/Österreich und Morašice, Böhmen/ Tschechien. In massig kompakten Aggregaten findet man ihn in Arize/Frankreich und Sabugal/Portugal. Strunzit ähnelt Kakoxen, hat jedoch einen geringeren Glanz. Das Mineral wurde nach dem deutschen Mineralogen Hugo Strunz benannt, dessen Mineralsystematik diesem Buch zugrunde liegt.

S. 123 u.l.: Strunzit
Hagendorf, Bayern/BRD; 8 x 12 mm

Pharmakolith $CaH[AsO_4] \cdot 2H_2O$

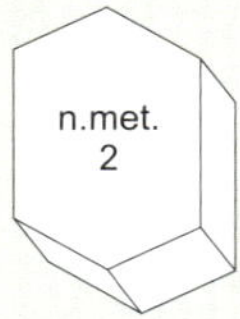

Merkmale: Weiß, rötlich (durch Kobalt), grünlich (durch Nickel); Dichte 2,6 g/cm³; Spaltbarkeit vollkommen; Kristalle meist sehr klein, tafelig, gestreckt, nadelig, oft gestreift. Meist sind seidige Fasern radialstrahlig, sternförmig oder büschelförmig angeordnet oder bilden moosartige Überzüge. Man findet auch traubige Aggregate und feinste kristalline Ausblühungen.

Wissenswertes: Pharmakolith kommt auf Arsenerzen als Ausblühungen und Belag vor (zum Beispiel in Heubach im Schwarzwald und in Markirch im Elsass/Frankreich). Sehr schöne Stufen wurden in Richelsdorf/Hessen gefunden, und von Jáchymov (Joachimsthal)/Tschechien sind 8 mm lange und 2 mm dicke, farblose, durchsichtige Kristalle bekannt.

S. 123 o.r.: Pharmakolith
Bauhaus, Richelsdorf/BRD; 10 x 15 mm

Kakoxen $Fe_4[OH|PO_4]_3 \cdot 12H_2O$

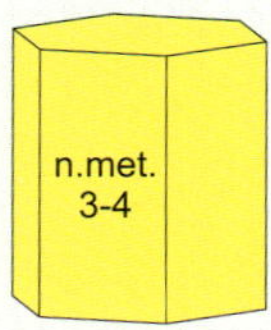

Merkmale: Goldgelb, gelb, bräunlich gelb, orange, selten grünlich; Dichte 2,3 g/cm³; Spaltbarkeit wegen der geringen Kristallgröße nicht bestimmbar; bildet prismatische, nadelförmige, in Büscheln angeordnete Kristalle, oft sternförmige Aggregate oder samtartige, faserige Überzüge. Häufig sind die Kristallspitzen durch Verwitterung anders gefärbt als der übrige Kristall.

Wissenswertes: Kakoxen ist ein sekundäres Mineral in phosphathaltigen Eisenlagerstätten. Fundpunkte sind die Gruben Eleonore und Rotläufchen bei Wetzlar/Hessen sowie Amberg-Auerbach/Bayern. In Pegmatiten kommt Kakoxen in Hagendorf, Pleystein und Hühnerkobel in Bayern vor. Der Name des Minerals leitet sich vom griechischen *kakos* = schlecht und *xenos* = Gast ab, weil sein Phosphorgehalt früher die Verhüttung des Brauneisenerzes erschwerte.

S. 123 u.r.: Kakoxen
Grube Rotläufchen bei Wetzlar/BRD; 10 x 15 mm

Huréaulith $(Mn,Fe)_5H_2[PO_4]_4 \cdot 4H_2O$

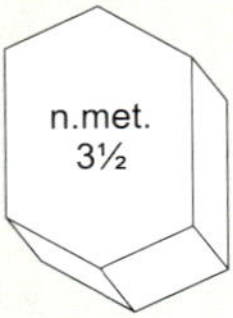

Merkmale: Farblos, rot, rosa gelb und braun; Dichte 3,2 g/cm³; Spaltbarkeit deutlich; kristallisiert in kurz- bis langsäuligen Kristallen von bis zu 3 cm Länge, meist aber tafelig, einzeln oder in Gruppen aufgewachsen, auch derb und in knolligen Aggregaten.

Wissenswertes: Huréaulith wird in Pegmatiten aus den Primärerzen zusammen mit anderen sekundären Phosphatmineralien gebildet. Der Name stammt von dem Ort Huréaux bei Limoges/Frankreich, wo das Mineral 1826 entdeckt wurde. Die schönsten Huréaulithkristalle in Deutschland kommen von Hagendorf und Hühnerkobel bei Zwiesel/Bayern.

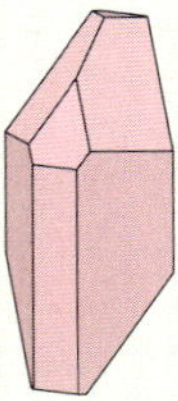

S. 125 o.l.: Huréaulith
Hagendorf, Bayern/BRD; 13 x 19 mm

Variscit $Al[PO_4] \cdot 2H_2O$

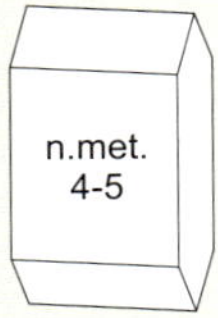

Merkmale: Apfelgrün bis farblos; Dichte 2,5 g/cm³; Spaltbarkeit deutlich; die meist tafelig ausgebildeten Kristalle sind selten, meist findet man Variscit massig, als nierige Krusten, auch opalähnlich.

Wissenswertes: Variscit entsteht durch die Einwirkung von zirkulierenden, phosphathaltigen Wässern auf aluminiumreiche Gesteine.
Bedeutende Fundstellen sind beispielsweise Meßbach bei Plauen/Sachsen, die Gruben Eleonore und Rotläufchen bei Wetzlar/Hessen und Leoben in der Steiermark/Österreich. Bei Fairfield, Utah/USA findet man über 30 cm große Knollen, die als Ornament- und Schmucksteine verwendet werden.

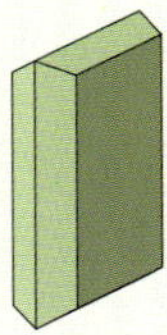

S. 125 o.r.: Variscit
Ronneburg, Vogtland/BRD; 18 x 26 mm

Wavellit $Al_3[(OH)_3|(PO_4)_2] \cdot 5H_2O$

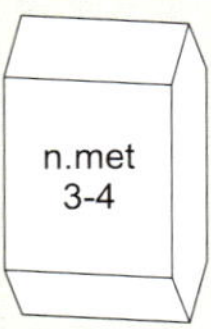

Merkmale: Meist grau, gelblich, braun bis braunschwarz, manchmal farblos, weiß, grün bis blau; Dichte 2,3-2,4 g/cm³; Spaltbarkeit deutlich; langsäulige bis nadelförmige Kristalle mit gestreiften Flächen. Charakteristisch ist die Anordnung zu radialstrahligen Büscheln und halbkugeligen, nierigen Gebilden von zum Teil mehreren Zentimetern Durchmesser.

Wissenswertes: Wavellit entsteht meist sekundär in Sedimenten und kristallinen Schiefern, besonders auf Limonit, in Mangan- und Phosphoritlagerstätten. Fast alle seltenen Tonerdephosphate werden von Wavellit begleitet. Als hydrothermale Bildung findet man ihn auf Klüften und Schichtflächen. Sehr typisch und durch den Farbkontrast besonders attraktiv sind flache Wavellit-Sonnen aus radialstrahligen Kristallen, die auf den Schieferungsflächen von schwarzen Tonschiefern aufgewachsen sind. Große Mengen von Wavellit hat man in Holly Springs, Pennsylvania/USA gefunden, wo er als Phosphat abgebaut wurde. Kugelige Aggregate kommen in den Schiefern von Ouro Preto/Brasilien vor. Bläulich grüne, radialstrahlige Kugeln von Wavellit bilden das Bindemittel einer Brekzie in Montgomery County, Arkansas/USA. Aus dem Harz kommen weiße, radialstrahlige Kugeln. Traubige Aggregate von zum Teil gelblicher oder grünlicher Färbung wurden am Dünsberg bei Gießen gefunden. In St. Austel, Cornwall/England bildete sich Wavellit als Zersetzungsprodukt von Granit. Weitere bekannte Vorkommen des Minerals sind Langenstriegis/Sachsen, die Urangruben von Ronneburg/Thüringen und die Eisenerzlagerstätten von Kirunavaara/Schweden.

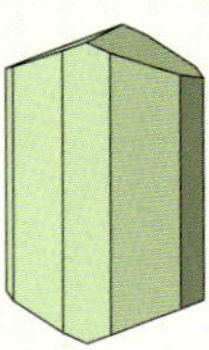

Wo der Abbau sich lohnt, wie zum Beispiel in Holly Springs, wird Wavellit zur Herstellung von Phosphatdünger gewonnen.

S. 125 u.: Wavellit
Langenstriegis, Sachsen/BRD; 20 x 15 mm

Lirokonit $Cu_2Al[(OH)_4|AsO_4] \cdot 4H_2O$

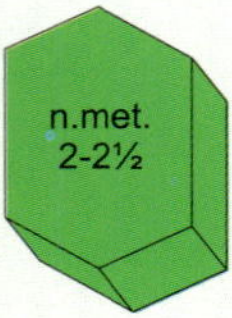

Merkmale: Himmelblau mit einem Stich ins Grünliche; Dichte 3,0 g/cm³; Spaltbarkeit undeutlich. Lirokonit bildet dünne Kristalle in Form von pseudotetragonalen Bipyramiden mit gestreiften Flächen, abgerundete, linsenförmige Gebilde (daher auch der Name **Linsenerz**) oder keilförmige, aufgewachsene Kristalle bis zu 1 cm Größe; auch derb und körnig kommt er vor.

Wissenswertes: Lirokonit zählt zu den seltenen Mineralien und wird in der Oxidationszone von Kupferlagerstätten gebildet. Die wichtigsten Vorkommen liegen in Cornwall und Devonshire/England, Herrengrund/Ungarn, im Ural/Russland sowie in Schwarzenberg/Sachsen.

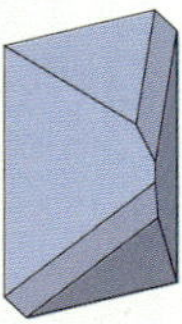

S. 127 o.l.: Lirokonit, Cornwall/England; 9 x 12 mm

Agardit $(Y,CaH)Cu_6[(OH)_6|AsO_4]_3 \cdot 3H_2O$

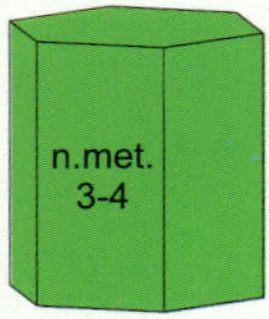

Merkmale: Grün, blaugrün; Dichte 3,7 g/cm³; Spaltbarkeit keine; gestreckte, einige Millimeter lange Kristalle, die zu feinfaserigen Büscheln verwachsen sind und typisch seidig glänzen.

Wissenswertes: Agardit kommt in der Oxidationszone von Kupferlagerstätten zusammen mit Azurit, Malachit, Cuprit, gediegen Kupfer und Quarz vor (z.B. Bou-Skour/Marokko). Sehr schöne Agarditkristalle wurden neben anderen Arsenaten in der Grube Clara, Oberwolfach/Schwarzwald gefunden, ebenso in Schneeberg/Sachsen. In den physikalischen und chemischen Eigenschaften zeigt Agardit eine große Ähnlichkeit mit dem **Mixit** ($BiCu_6[(OH)_6|AsO_4]_3 \cdot 3H_2O$), der jedoch Wismut statt Yttrium im Kristallgitter aufweist.

S. 127 o.r.: Agardit
Grube Clara, Schwarzwald/BRD; 5 x 7 mm

Struvit $(NH_4)Mg[PO_4] \cdot 6H_2O$

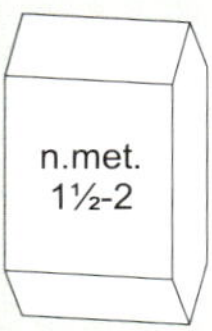

Merkmale: Meist gelb bis hellbraun, selten farblos; Dichte 1,7 g/cm³; Spaltbarkeit vollkommen. Struvit kommt ausschließlich eingewachsen vor. Die Kristalle sind deutlich rhombisch hemimorph ausgebildet, d.h., die Unterseite und Oberseite der Kristalle ist von verschiedenen Flächen begrenzt. Typisch sind sargdeckelartige Umrisse.

Wissenswertes: Struvit tritt meist im Guano (Vogelexkremente) auf. Als Kuriosität wurde dieses Mineral in Hamburg in der Moorerde unter Düngergruben gefunden (6-8 mm große Kristalle). Weitere Fundpunkte sind Braunschweig/Niedersachsen, die Skiptonhöhlen bei Ballarat/Australien und der Limfjord/Dänemark, wo linsenförmige Kristalle mit einem Durchmesser von 1-5 cm im Schlamm neben organischen Resten auftraten.

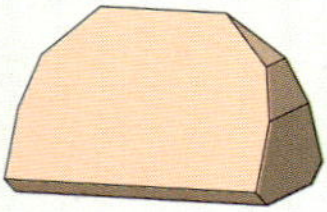

S. 127 u.l.: Struvit, Hamburg/BRD; 25 x 35 mm

Chalkophyllit, Kupferglimmer $Cu_{18}Al_2[(OH)_9|SO_4|AsO_4]_3 \cdot 36H_2O$

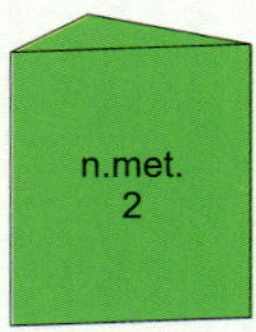

Merkmale: Bläulich oder smaragd- bis spangrün; Dichte 2,4-2,6 g/cm³; Spaltbarkeit vollkommen; kristallisiert in tafeligen Kristallen und blättrigen Aggregaten, tritt auch oft rosettenförmig oder mit glimmerähnlicher Struktur auf.

Wissenswertes: Chalkophyllit entsteht als sekundäres Mineral in der Oxidationszone (Eiserner Hut) von Kupferlagerstätten, oft in Gesellschaft von Cuprit, Malachit und Azurit. Er kommt an vielen Stellen im Erzgebirge vor, ebenso in Siebenbürgen/Rumänien, Schwaz/Österreich, Cap Garonne/Frankreich und Nishnij Tagil, Ural/Russland. Die wohl am schönsten ausgebildeten Kristalle stammen von Tincroft in der Nähe von Redruth, Cornwall/England.

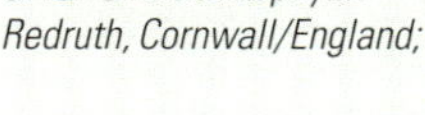

S. 127 u.r.: Chalkophyllit
Redruth, Cornwall/England; 9 x 12 mm

Autunit $Ca[UO_2|PO_4]_2 \cdot 8\text{-}12H_2O$

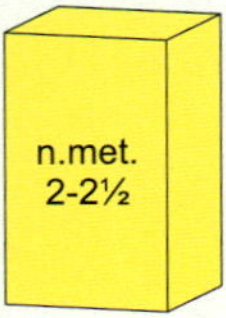

Merkmale: Schwefelgelb, zeisiggelb oder moosgrün, ausgebleicht ähnlich dem Auripigment (➪S.52); Dichte 3,2 g/cm³; Spaltbarkeit glimmerartig vollkommen. Autunit bildet dünntafelige, zum Teil gestreifte Kristalle mit sehr kleinen Prismenflächen, was zu einer glimmerartigen Erscheinungsform führt. Er kommt auch in blättrigen Aggregaten und manchmal büschelig und schuppig vor; einzelne, freistehende Kristalle sind selten. Unter ultraviolettem Licht zeigt Autunit sehr starke grüne Fluoreszenz. Sie ist eine der stärksten im Mineralreich, etwa viermal so groß wie die des Fluorits von Zinnwald. Im Gegensatz dazu fluoresziert Torbernit, ein weiterer häufiger Uranglimmer, nicht. An portugiesischen Stufen wurden außerdem Lumineszenzerscheinungen beobachtet, die wohl durch den radioaktiven Zerfall des Minerals entstehen. Autunit ist im höchsten Grade radioaktiv strahlend!

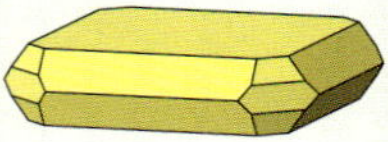

Wissenswertes: Autunit entsteht sekundär bei der Verwitterung von Uranmineralien. Er kommt in Pegmatiten, Graniten, hydrothermalen Gängen und Sedimenten vor. Sehr schöne Stufen mit mehrere Millimeter langen, dickblättrigen Kristallen kommen aus der Daybreak Mine, Mount Spokane, Washington/USA. Weitere Vorkommen sind Autun im Departement Sâone et Loire und St. Yrieux bei Limoges/Frankreich sowie Mount Painter/Südaustralien. Kristalle vom Fuchsbau im Fichtelgebirge zeigen besonders hohe Radioaktivität. Außerdem ist Autunit aus dem Erzdistrikt von Jáchymov (Joachimsthal)/Tschechien und aus den Fluoritlagerstätten von Wölsendorf in Bayern bekannt.

S. 129 o.: Autunit
L'Huis Jacques, Nièvre/Frankreich; 25 x 18 mm

Torbernit, Chalkolith $Cu[UO_2|PO_4]_2 \cdot 8\text{-}12H_2O$

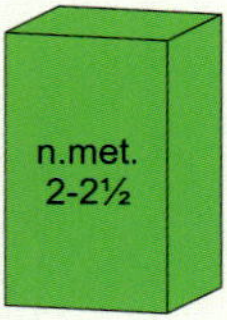

Merkmale: Leuchtendes, giftig wirkendes Gras- bis Smaragdgrün, bläulich und gelblich grün; Dichte 3,2 g/cm³; Spaltbarkeit glimmerartig vollkommen. Torbernit bildet meist scharf begrenzte, flächenreiche Kristalle, bei denen jedoch immer die Basisfläche besonders groß ist. Er kommt auch blättrig, in glimmerähnlichen Gebilden und als schuppige Büschel vor. Torbernit fluoresziert im Gegensatz zu Autunit nicht im ultraviolettem Licht, besitzt aber genauso wie dieser eine außerordentlich starke Radioaktivität. Bei Material von Cornwall zum Beispiel beträgt sie etwa ein Drittel der Pechblende (➪Uraninit, S. 82) von Jáchymov (Joachimsthal) in Tschechien.

Wissenswertes: Torbernit ist ein wichtiges Uranerz und in der Oxidationszone uranhaltiger Gesteine allgegenwärtig. Dazu gehören Pegmatite, hydrothermale Gänge und großräumig verbreitete Sedimente, z.B. die Sandsteine des Colorado Plateaus/USA. Besonders schöne Kristalle kommen von Chalk Mountain, Spruce Pine, Mitchell County, North Carolina/USA. Im Katanga District/Zaire entstand Torbernit in großen Mengen als Verwitterungsprodukt von Uranerzen. Hier findet man sehr schöne Stufen mit Kristallen bis zu mehrere Zentimeter Größe. Das Mineral kommt auch im böhmisch-sächsischen Erzgebirge vor, zusammen mit Fluorit bei Wölsendorf/Oberpfalz, mit Autunit im Fichtelgebirge und Bayerischen Wald. Große Torbernitkristalle fand man auch bei Aveyron/Frankreich und bis 5 mm große Mischkristalle mit dem Arsen-Analog Zeunerit in Menzenschwand/ Schwarzwald. Weitere Fundorte sind Vogtland/Sachsen (➪Abb. S. 113) sowie die Pegmatite bei Villa Formosa/Portugal. Alle Uranglimmer können einen Teil ihres Kristallwassers abgeben, ohne dass sich die Eigenschaften merklich ändern. Die wasserärmere Form wird jeweils mit der Vorsilbe »Meta-« gekennzeichnet.

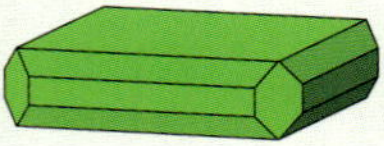

S. 129 u.: Torbernit, Allier/Frankreich; 12 x 9 mm

VIII. Silikate

In den Gesteinen der Erdkruste und anderer fester Himmelskörper machen Silikate etwa 95 % aus, wenn man Quarz, den man formal auch hier statt bei den Oxiden einordnen könnte, einschließt. Eine systematische Gliederung dieser z.T. sehr kompliziert zusammengesetzten Mineralien ist nur über ihre Kristallstruktur möglich. Die fast stets vorhandene Mischkristallbildung macht eine chemische Systematik unmöglich.

Der einfachste Baustein der Silikate ist der $[SiO_4]^{4-}$-Komplex aus vier großen Sauerstoffatomen und dem kleinen Siliziumatom im Zentrum. Diese $[SiO_4]^{4-}$-Tetraeder können sich über gemeinsame Sauerstoffatome zu allen möglichen Formen aneinanderlagern. Solche Kondensation bildet die Grundlage der weiteren systematischen Einteilung der Mineralien dieser Klasse.

Die am weitesten verbreiteten Silikate sind Gemengteile magmatischer Gesteine. Verwittern sie, können wasserhaltige sekundäre Silikate (z.B. Tonmineralien) entstehen. Sedimentäre Gesteine setzen sich zu einem sehr großen Teil aus Quarz (Sand) und Tonmineralien zusammen. Im metamorphen Bereich entstehen daraus unter erhöhten Drucken und Temperaturen wiederum wasserfreie Silikate.

Turmalin

Staurolith, Kreuzstein

$(Fe,Mg)_2(Al,Fe)_9O_6[O|OH|(SiO_4)_2]_2$

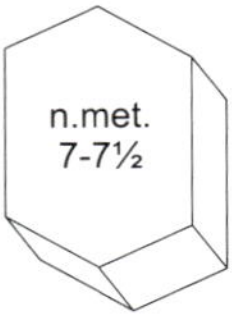

Merkmale: Rötlich bis schwärzlich braun; Dichte 3,7-3,8 g/cm³; Spaltbarkeit deutlich; meist sehr gut ausgebildete, flächenarme, kurzsäulige Kristalle mit rautenförmigem Querschnitt, eingewachsen. Typisch sind Durchkreuzungszwillinge unter 90° und ca. 60° und eine orientierte Verwachsung mit Kyanit.

Wissenswertes: Zusammen mit Kyanit und Granat ist Staurolith ein typisches Mineral der Regio-

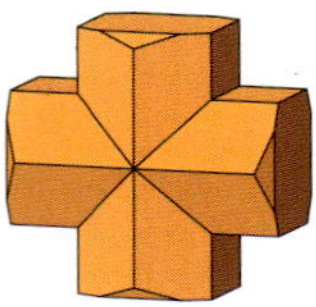

nalmetamorphose; es dient als Leitmineral für den Metamorphosegrad. Vom Pizzo Forno, Tessin/Schweiz, kommen braunrote, durchscheinende Kristalle.

S. 133 o.l.: Staurolith
Pizzo Forno, Tessin/Schweiz; 30 x 44 mm

Zirkon $Zr[SiO_4]$

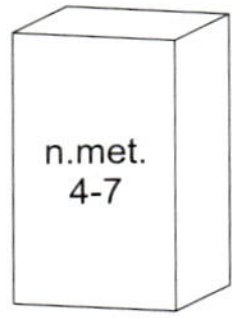

Merkmale: Meist braun, braunrot, gelb, seltener grün, blau, farblos; Dichte 4,7 g/cm³; Spaltbarkeit gut; fast immer gut ausgebildete, gedrungene, prismatische Kristalle, selten aufgewachsen.

Wissenswertes: Zirkon ist weit verbreitet in magmatischen Gesteinen, kristallinen Schiefern und Sandsteinen und darin Hauptträger der natürlichen Radioaktivität. Der radioaktive Zerfall im Zirkon kann zur Altersbestimmung von Gesteinen

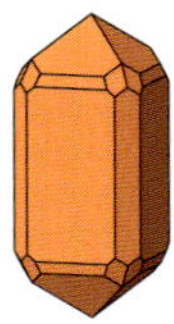

benutzt werden. Bis zu 7 kg schwere Kristalle kennt man von Ontario/Kanada und hervorragende, frei aufgewachsene Kristalle seit einigen Jahren aus dem Ural/Russland. Die Edelsteinvarietät des Zirkons heißt **Hyazinth**.

S. 133 o.r.: Zirkon
Lovozero, Kola/Russland; 30 x 44 mm

Olivin, Peridot, Chrysolith $(Mg,Fe)_2[SiO_4]$

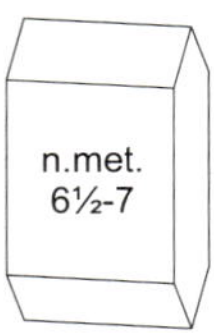

Merkmale: Ölgrün, flaschengrün, gelblich, braun, rotbraun; Dichte 3,2-4,2 g/cm³, in Abhängigkeit vom Eisengehalt; Spaltbarkeit deutlich; Kristalle prismatisch oder dicktafelig, oft flächenreich, eingewachsen oder lose; häufiger jedoch unregelmäßige Körner.

Wissenswertes: Olivin ist der Name für Mischkristalle der Endglieder **Forsterit** (Mg_2SiO_4) und **Fayalit** (Fe_2SiO_4); beide kommen in der Natur nicht chemisch rein vor. Olivin ist ein Frühkristallisat in basischen Magmen und sinkt wegen seiner hohen Dichte in der Schmelze ab. Dadurch bilden sich Peridotite und Dunite, fast monomineralische Olivin-Gesteine. Olivin ist ein wesentlicher

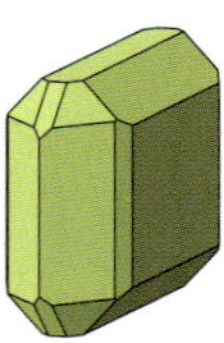

und verbreiteter Gemengteil vieler Gabbros, Diabase, Melaphyre und Basalte und häufigstes Mineral des oberen Erdmantels. Die vielerorts verbreiteten nuss- bis kopfgroßen Einschlüsse (Olivinbomben) in Basalten wurden mit der Gesteinsschmelze aus großer Tiefe nach oben transportiert. Peridotite und Dunite sind oft verknüpft mit Chromit und gediegen Platin, so z.B. im Ural/Russland und im Bushveld/Südafrika. Klare Olivine in Edelsteinqualität heißen **Peridot**. Berühmt sind die flächenreichen Peridote aus einem 1749 in Ostsibirien niedergegangenen Meteoriten (Pallaseisen). Material von Edelsteinqualität kam von der Vulkaninsel Seberget im Roten Meer (seit 3500 Jahren ausgebeutet). Heute findet man gute Peridote in San Carlos, Arizona/USA, und seit wenigen Jahren in phantastischer Qualität und schönen Kristallen am Nanga Parbat/Pakistan. Olivin ist an der Erdoberfläche instabil und wandelt sich vor allem in Serpentin um.

Magnesiumreicher Olivin wird zur Herstellung hochfeuerfester Steine abgebaut. Von großer wirtschaftlicher Bedeutung sind auch Peridotite und die aus ihnen entstandenen Serpentinite wegen ihres Nickel-, Chrom- und Platingehalts.

S. 133 u.: Olivin, Vesuv/Italien; 28 x 19 mm

Granat $A_3B_2[SiO_4]_3$ (allgemeine Formel)

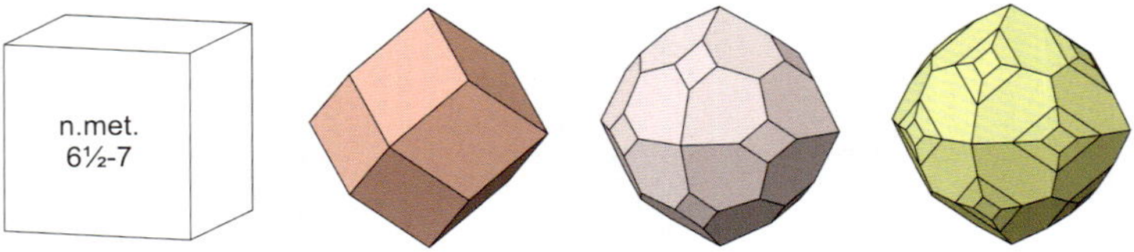

Granat ist der Name für eine große Gruppe von Mineralien, deren Glieder alle die gleiche Kristallstruktur besitzen, die sich aber in ihrer chemischen Zusammensetzung deutlich unterscheiden. Reine Endglieder sind in der Natur selten, fast immer liegen Mischkristalle mit zum Teil ausgeprägtem Zonarbau vor. Die wichtigsten natürlich vorkommenden Granat-Endglieder sind:

Pyrop	$Mg_3Al_2[SiO_4]_3$
Almandin	$Fe_3Al_2[SiO_4]_3$
Spessartin	$Mn_3Al_2[SiO_4]_3$
Grossular	$Ca_3Al_2[SiO_4]_3$
Andradit	$Ca_3Fe_2[SiO_4]_3$
Uwarowit	$Ca_3Cr_2[SiO_4]_3$

Merkmale: Selten farblos, meist rot oder braun, grün, gelb und alle möglichen anderen Farben, ausgenommen blau; Dichte 3,4-4,6 g/cm³; Spaltbarkeit schlecht. Granat bildet oft sehr große, zumeist flächenreiche Kristalle, die dadurch kugelig erscheinen. Das zwölfflächige Rhombendodekaeder (Granatoeder) und das vierundzwanzigflächige Ikositetraeder sind besonders typische Formen. Er kommt eingewachsen, aufgewachsen, manchmal schalig, derb oder dicht vor.

Wissenswertes: Die Minerale der Granatgruppe sind charakteristisch für metamorphe Gesteine. Wegen ihrer großen Widerstandsfähigkeit gegen chemische und mechanische Einflüsse (Verwitterung) reichern sie sich in Sanden und Seifen an, die als billige Schleifmittel abgebaut werden.

Pyrop ist selten farblos oder zartrosa (in den Ultrahochdruckgesteinen des Dora Maira Massivs, Westalpen/Italien), meist zeigt er sich durch Eisen und Chrom blutrot bis schwarzrot gefärbt. Er ist ein wichtiges Mineral in Hochdruckgesteinen (Granat-Peridotite und Kimberlite). Als »Böhmischer Granat« wird er seit Jahrhunderten in Böhmen/Tschechien gewonnen und als »Kaprubin« ist er Nebenprodukt des Diamantabbaus in Südafrika.

Almandin, der meist rot, braun, fast schwarz oder blutrot gefärbt ist, stellt den häufigsten Granat dar. Er bildet sich in Kristallen von oft beträchtlicher Größe in mittelgradigen Metamorphiten (Glimmerschiefer, Gneise). Man findet ihn weit verbreitet in großen Gesteinskomplexen in allen Gebirgsregionen. Kristalle von Edelsteinqualität kommen in den Seifen von Sri Lanka und Indien vor.

Spessartin zeigt sich meist rot, braun und gelblich orange, seltener schwarz. Seine Bildung erfolgt vor allem im pegmatitischen Bereich. Fundpunkte sind San Diego County, Kalifornien/USA, Antsirabe/Madagaskar und besonders Gilgit/Pakistan. Feinstkörnige Spessartine sind Bestandteil der Wetzschiefer von Viel Salm, Ardennen/Belgien.

Grossular ist grün, gelblich oder fleischfarben, besondere Farbvarietäten sind braunoranger **Hessonit** und farbloser **Leukogranat**. Grossular ist ein typisches Mineral in Kalksilikatfelsen, die durch Metamorphose kalkreicher Gesteine gebildet wurden. Fundorte sind Auerbach an der Bergstraße, Val d'Ala, Piemont/Italien, Banater Gebirge/Rumänien und Wilui, Ostsibirien/Russland.

Andradit tritt vorwiegend mit brauner Färbung auf, besondere Farbvarietäten sind zitronengelber **Topazolith**, gelb- bis smaragdgrüner **Demantoid** und schwarzer **Melanit**. Die Vorkommen sind ähnlich denen des Grossulars (Val d'Ala und Val Malenco/Italien, Nishnij Tagil, Ural/Russland).

Uwarowit ist immer dunkel smaragdgrün. Schöne Kristalle des seltenen Minerals stammen aus Outukumpu/Finnland und dem Val Malenco/Italien.

S. 135 o.l.: Granat (Uwarowit)
Ural/Russland; 14 x 20 mm
S. 135 o.r.: Granat (Andradit)
Dognáska, Banat/Rumänien; 27 x 40 mm
S. 135 u.: Granat (Grossular)
Val d'Ala, Piemont/Italien; 21 x 14 mm

Andalusit $Al_2[O|(SiO_4)]$

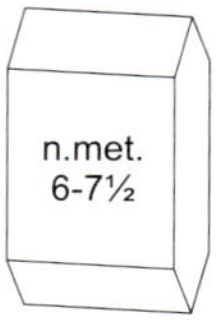

Merkmale: Grau oder fleischrot, seltener violett, stark rotgrün-pleochroitisch (d.h. wechselt die Farbe in Abhängigkeit von der Betrachtungsrichtung). **Viridin** ist eine intensiv grüne, manganreiche Varietät des Andalusits, das Endglied dieser Mischkristallreihe heißt **Kanonait**. Dichte 3,1-3,2 g/cm^3; Spaltbarkeit deutlich; meist eingewachsene, einfache, dicksäulige Kristalle mit fast quadratischem Querschnitt, oberflächlich in Glimmerschüppchen umgewandelt; auch stängelig-strahlige und körnige Aggregate. Durch orientierte, im Querschnitt kreuzförmig erscheinende Einlagerungen von kohligen Substanzen entsteht der **Chiastolith** (Kreuzstein), im Tonschiefer eingewachsene, prismatische Kristalle.

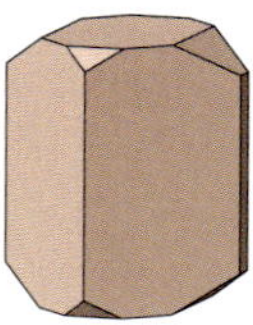

Wissenswertes: Andalusit kommt in großen Mengen überall im kontaktmetamorphen Bereich zwischen Magmatiten und Schiefern neben Sillimanit, Kyanit und Korund vor. Kristalle von der Lisensalpe, Sellraintal/Österreich sind bereits vollkommen in Glimmer und Quarz umgewandelt. Material in Edelsteinqualität kommt von Almeria, Andalusien/Spanien. Weitere Fundorte liegen in Brasilien, Sri Lanka, Mankoba, Ural/Russland. Chiastolith kommt von Gefrees im Fichtelgebirge, Santiago de Compostela, Galizien/Spanien, den Pyrenäen und der Bretagne/Frankreich. Viridin findet man bei Darmstadt, in Vestanå in Schonen/Schweden und bei Ultevis, Lappland/Finnland. Andalusit wird für die Herstellung hochwertiger technischer Feuerfestkeramik benutzt.

S. 137 o.l.: Andalusit
Lisens, Tirol/Österreich; 27 x 38 mm
S. 137 o.r.: Andalusit (Chiastolith)
Lancaster, Massachusetts/USA; 17 x 23 mm

Kyanit, Disthen $Al_2[O|(SiO_4)]$

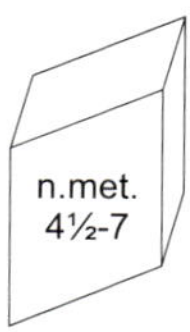

Merkmale: Himmelblau, graublau, farblos, weiß, gelb, grün, bräunlich; Dichte 3,6-3,7 g/cm^3; Spaltbarkeit vollkommen; kristallisiert in linealartigen prismatischen Kristallen (wobei die Enden der Prismen oft unvollständig ausgebildet oder zerbrochen sind), eingewachsen, oft wellig oder gedreht, quergestreift. Sich durchdringende, strahlig-blättrige Aggregate sind verbreitet, Zwillinge häufig. Charakteristisch für das Mineral ist die unterschiedliche Ritzhärte in verschiedenen Richtungen: in Längsrichtung 4-4½, in Querrichtung 6-7. Der aus dem griechischen *dis* = zweimal und *sthenos* = Stärke abgeleitete Name bezieht sich auf diese Eigenschaft.

Wissenswertes: Kyanit gehört zu den typischen Mineralien der Regionalmetamorphose und ist Leitmineral für den Metamorphosegrad von Hochdruckgesteinen. Lagerstätten befinden sich bei Horssjöberg, Värmland/Schweden und im Kejwy-Gebirge auf Kola/Russland. Besonders schöne Kristalle, zum Teil mit Staurolith verwachsen, kommen von Pizzo Forno im Tessin/ Schweiz und riesige blaue Kristalle aus Minas Gerais/Brasilien. Bis zu 30 cm große grüne Kristalle wurden in Machakos/Kenia gefunden. Technisch wichtige Vorkommen liegen in Hirvivaara/ Finnland, Assam/Indien, Baker Mountain und Virginia/USA.
Kyanit ist Rohmaterial für hochfeuerfeste Stoffe, wofür besonders die Korund-Kyanit-Verwachsungen aus Indien begehrt sind.
Neben Kyanit und Andalusit gibt es noch eine dritte Modifikation der gleichen chemischen Zusammensetzung, die **Sillimanit** genannt wird.

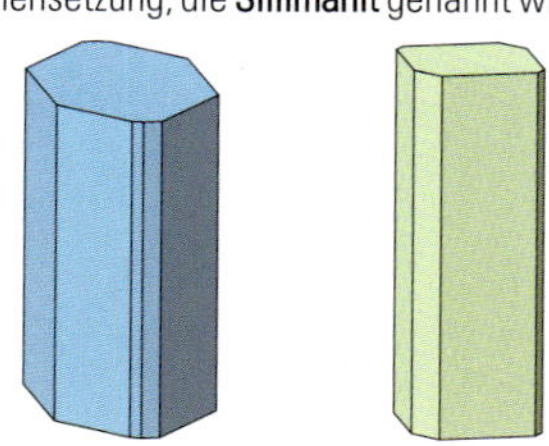

S. 137 u.: Kyanit
Yancey Co, North Carolina/USA; 95 x 65 mm

Titanit, Sphen $CaTi[O|SiO_4]$

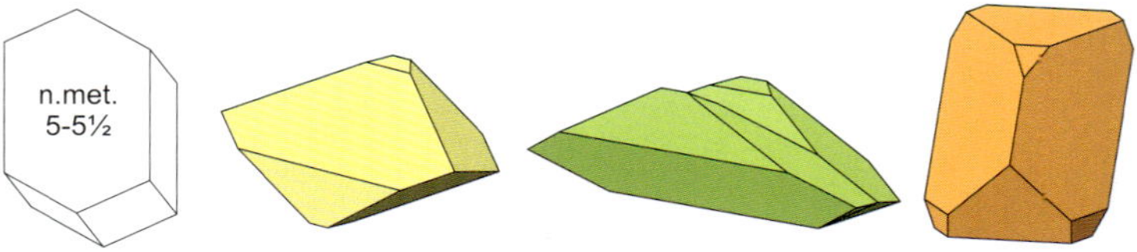

Merkmale: Gelb, grün, braun, schwarz, seltener grau oder rosarot; Dichte 3,4-3,6 g/cm³; Spaltbarkeit deutlich; vielfältige Erscheinungsformen: tafelig, prismatisch, im Querschnitt oft keilförmig (Sphen kommt von griechisch Keil), auch in körnigen oder schaligen Aggregaten. Die in magmatischen Gesteinen eingewachsenen Titanitkristalle zeigen eine typische flache, briefkuvertförmige, flächenarme Gestalt und sind meist honig- bis dunkelbraun. Die in alpinen Klüften aufgewachsenen sind flächenreicher und meist deutlich erkennbar verzwillingt. Das Calcium im Kristallgitter kann durch z.T. beträchtliche Mengen von Yttrium und Cer (**Yttriotitanit, Keilhauit**) oder durch Mangan (rötlicher **Greenovit**) ersetzt werden.

Wissenswertes: Titanit ist das mengenmäßig häufigste Titanmineral und weit verbreitet in magmatischen Gesteinen und kristallinen Schiefern (St. Gotthard, Val Maggia, Tessin/Schweiz, Ahrntal/Italien, Sulzbachtal, Zillertal/Österreich, Miask, Ural/Russland, Minas Gerais/Brasilien), wird jedoch als Titanerz selten genutzt. Seit einigen Jahren kommen herrliche Kristalle von Gilgit/Pakistan. Als Edelstein besitzt er großes Feuer.

S. 139 o.l.: Titanit
Gardiner Plateau/Grönland; 52 x 75 mm
S. 139 o.r.: Titanit, Pakistan; 32 x 43 mm

Topas $Al_2[(F,OH)_2|SiO_4]$

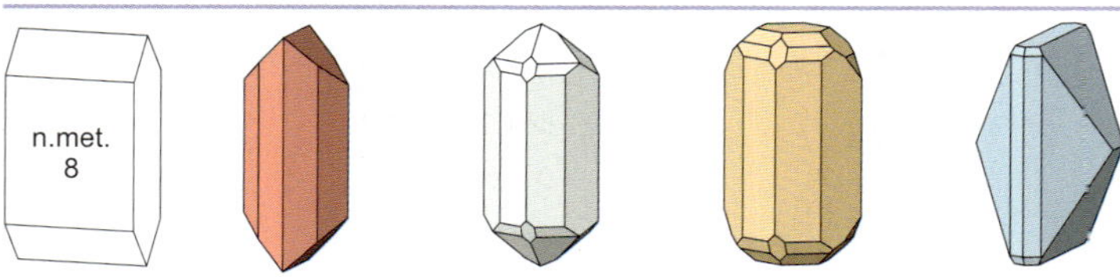

Merkmale: Farblos (Silbertopas), weingelb, meerblau, meergrün, violett, gelbrot, rosenrot; die Farbe kann sich durch Sonneneinwirkung, Wärmebehandlung oder Röntgenbestrahlung ändern; Dichte 3,5-3,6 g/cm³; Spaltbarkeit vollkommen (bestes Kennzeichen!); Kristalle meist prismatisch, einseitig aufgewachsen, einzeln oder in Gruppen, meist längsgestreift und oft sehr flächenreich (über 140 verschiedene Flächenformen sind bekannt!). Oft ist die Ausbildung und Farbe der Kristalle sehr typisch für einen bestimmten Fundort. Topas kommt auch derb, in stängeligen Aggregaten (**Pyknit** von Ehrenfriedersdorf/Sachsen), selten auch ganz dicht, jaspisartig vor.

Wissenswertes: Topas dient als Leitmineral für pneumatolytische Bildungen vor allem in Zinnerz führenden Greisen. In Ergussgesteinen ist er selten (Thomas Range, Utah/USA). Im 18. Jahrhundert war der Schneckenstein im sächsischen Erzgebirge die berühmteste Lagerstätte. 485 weingelbe Steine von dort wurden in die englische Königskrone eingearbeitet. Die bedeutendsten Vorkommen sind Alabaschka bei Mursinsk/Ural (blau), San Luis Potosí/Mexiko, Kleine Spitzkoppe/Namibia, Ramona, Kalifornien/USA, Ouro Preto und Virgem de Lapa/Brasilien und in den letzten Jahren besonders Shigar Tal/Pakistan. Topas ist ein geschätzter Edelstein und wegen seiner hohen Härte häufig in Seifen zu finden.

S. 139 u.: Topas
Alabaschka, Ural/Russland; 105 x 75 mm

Axinit $Ca_2(Fe,Mg,Mn)Al_2B[O|OH|(Si_2O_7)_2]$

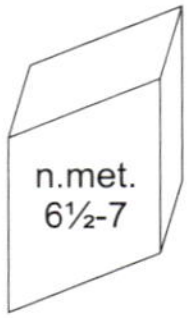

Merkmale: Nelkenbraun, grau, violett, pflaumenblau, grünlich, selten pfirsichblütenrot; Dichte 3,3 g/cm³; Spaltbarkeit deutlich; Kristalle einzeln aufgewachsen oder in Drusen vereinigt, sehr scharfkantig, keilförmig, flächenreich; kommt auch derb, in schaligen und breitstängeligen bis spätigen Aggregaten vor.

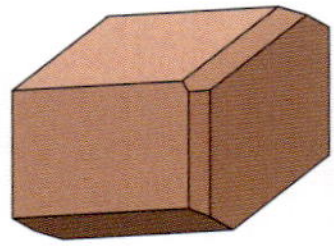

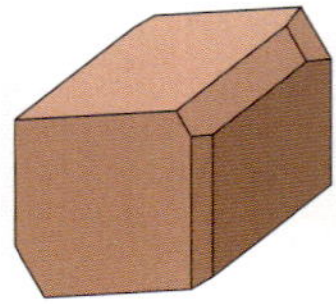

Wissenswertes: Axinit ist der Name für eine Mineralgruppe, deren drei Glieder unterschiedlich viel Eisen, Magnesium und Mangan enthalten: **Ferroaxinit**, **Magnesioaxinit**, **Manganaxinit** (auch **Tinzenit** genannt).

Als pneumatolytische Bildung ist Axinit, ähnlich wie Turmalin, an kalkreiche Gesteine gebunden. Seltener, aber in sehr schönen Kristallen, ist er hydrothermal auf Klüften und in Drusen zu finden. Fundpunkte sind u.a. Schwarzenberg/Sachsen, Bourg-d'Oisans, Isère/Frankreich (besonders schöne Kristalle), Tinzen und Scopi/Schweiz, St. Just, Cornwall/England, Ligurien, Sardinien, Fassatal/Italien, Course Gold, Madera County, Nevada/USA (große violette Kristalle von Edelsteinqualität). Gute Kristalle kommen in Drusen der Granite am Epprechtstein/Fichtelgebirge, Strzegom (Striegau)/Polen und Baveno/Italien vor. Mitte der 1990er-Jahre wurden spektakuläre Funde von bis zu 15 cm großen, rasiermesserscharfen Axiniten in Edelsteinqualität bei Pujak, Polarural/Russland gemacht. Der Name kommt vom griechischen *axinä* = Axt, wegen der scharfkantigen und keilförmigen Ausbildung der Kristalle.

S. 141 o.: Axinit, Puiva, Ural/Russland; 100 x 72 mm

Epidot, Pistazit $Ca_2(Fe,Al)Al_2[O|OH|SiO_4|Si_2O_7]$

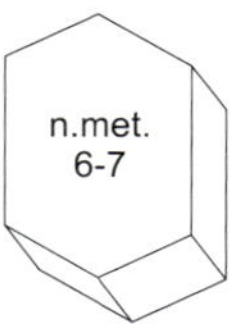

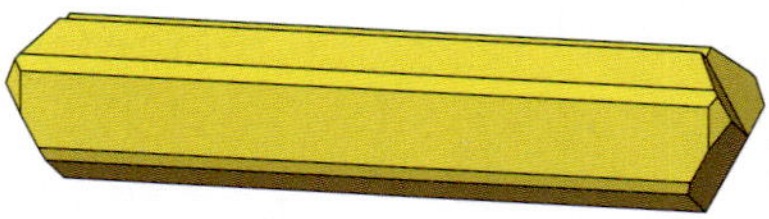

Merkmale: Dunkelgrün, blaugrün, schwärzlich grün, auch hellgelb, pistaziengrün (Pistazit), gelbgrün, selten rot (Glencoe/Schottland); **Piemontit** ist ein manganreicher, kirschrot bis braun gefärbter Epidot; Dichte 3,3-3,5 g/cm³; Spaltbarkeit vollkommen; bildet besonders formenreiche Kristalle (mit über 200 bekannten Formen ist Epidot eines der flächenreichsten Minerale überhaupt); Kristalle meist in großer Zahl als Kristallrasen oder in Drusen vereinigt, prismatisch, blockig, tafelig; auch als faserig-strahlige Aggregate, in denen die Nadeln zu Büscheln gruppiert sind, sowie dicht oder als Anflug; häufig eine ausgeprägte Flächenstreifung parallel zur Längserstreckung, ebenso Zwillingsbildung; starker Pleochroismus (Farbänderung je nach Betrachtungsrichtung).

Wissenswertes: Epidot ist weltweit verbreitet vor allem als Umwandlungsprodukt von Plagioklas, aber auch von Granat und Pyroxen in der niedrig- und mittelgradigen Metamorphose. Als farbgebendes Leitmineral in Grünschiefern kommt er zusammen mit Chlorit und Aktinolith vor und ist so wichtiges gesteinsbildendes Mineral ganzer Gebirgszüge. Hervorragende Kristalle finden sich an der Knappenwand, Untersulzbachtal/Österreich. Weitere wichtige Vorkommen sind Bourg-d'Oisans, Isère/Frankreich, Fassatal, Val Codera, Val Malenco und Elba/Italien, Arendal/Norwegen, im Ural/Russland und in Alaska.

S. 141 u.: Epidot, Knappenwand, Untersulzbachtal/Österreich; 85 x 62 mm

Zoisit $Ca_2Al_3[O|OH|SiO_4|Si_2O_7]$

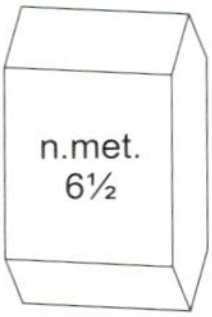

Merkmale: Meist grau, braungrau, grünlich, rosarot (durch Mangan, **Thulit**), blau bis violett (in Edelsteinqualität als **Tansanit** vom Umbatal/Tansania, die ursprünglich gelben bis braunen Varietäten erhalten ihre saphirblaue Farbe durch Wärmebehandlung bei ca. 400° C); Dichte 3,2-3,4 g/cm³; Spaltbarkeit vollkommen; Kristalle meist prismatisch, oft längsgestreift; auch in derber Form sowie spätig bis faserig tritt das Mineral auf.

Wissenswertes: Zoisit kommt in metamorphen Gesteinen neben Granat, Feldspat, Biotit und Amphibol vor, z.B. in der Telemark/Norwegen, auf der Saualpe und in Rauris/Österreich. Attraktiv ist der grüne Zoisitfels mit roten Rubinen von Longido/Tansania.

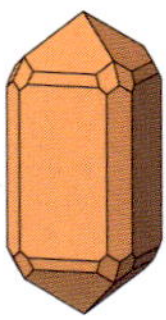

S. 143 o.l.: Zoisit, Achental/Österreich; 30 x 44 mm

Uranophan $CaH_2[UO_2|SiO_4]_2 \cdot 5H_2O$

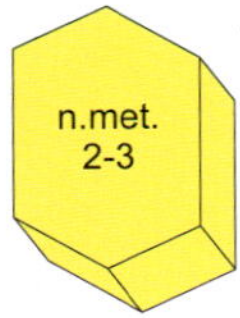

Merkmale: Hell honiggelb bis sattgelb; Dichte 3,9 g/cm³; Spaltbarkeit vollkommen; bildet lange, prismatische Kristalle mit nahezu quadratischem Querschnitt, auch feinsten Filz, radialstrahlige Kugeln, Krusten und Anflüge; fluoresziert unter ultraviolettem Licht schwach gelblich grün .

Wissenswertes: Uranophan ist das häufigste Uransilikat. Er findet sich als Neubildung aus Uraninit (Pseudomorphosen) auf den verschiedensten Lagerstätten, z.T. in abbauwürdigen Mengen. Fundstätten sind u.a. Wölsendorf/Bayern und Menzenschwand/Baden (millimeterlange Büschel). Prachtvolle Kristalle kommen von Shinkolobwe/Zaire und Rössing/Namibia und radialstrahlige Aggregate von der Faraday Uran Mine, Bancroft, Ontario/Kanada.

S. 143 o.r.: Uranophan
Les Bois Noires, Loire/Frankreich; 12 x 17 mm

Vesuvian, Idokras

$Ca_{10}(Mg,Fe)_2Al_4[(OH)_4|(SiO_4)_5|(Si_2O_7)_2]$

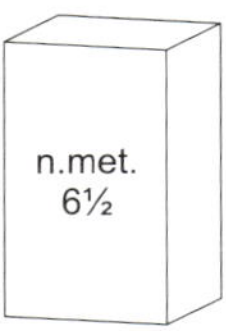

Merkmale: Braun, stachelbeergrün, gelb, rotbraun, schwarzbraun oder rosenrot; Dichte 3,3-3,5 g/cm³; Spaltbarkeit undeutlich. Vesuvian bildet oft schöne Kristalle mit typisch tetragonalem Querschnitt, sei es kurz- und dicksäulig, sei es langsäulig oder nadelförmig. Auch derb und in strahligen Aggregaten tritt er häufig auf.

Wissenswertes: Die Entstehung dieses Minerals ist hauptsächlich an kontaktmetamorphe Kalke geknüpft, wo es ein- und aufgewachsen vorkommt. Riesige Vesuvian-Kristalle wurden in Conception del Oro/Mexiko gefunden. Darüber hinaus kommt er auf Klüften in den Alpen, in Skandinavien sowie im Ural vor.

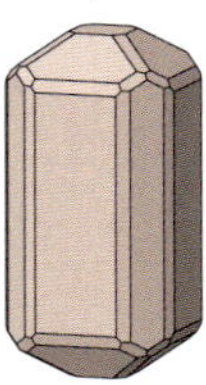

S. 143 u.l.: Vesuvian
Monte Somma, Vesuv/Italien; 15 x 22 mm

Chrysokoll $Cu[SiO_3]+nH_2O$

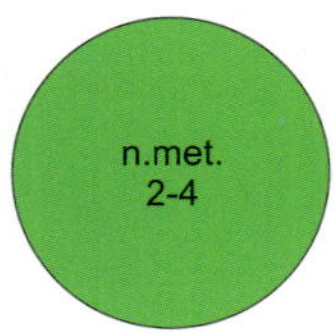

Merkmale: Smaragdgrün, bläulich grün, blau; Dichte 2,0-2,2 g/cm³; Spaltbarkeit keine. Chrysokoll wächst dicht und derb in traubigen, nierigen und stalaktitischen Formen und Krusten, auch mikrokristallin sowie in erdiger Ausprägung tritt er auf.

Wissenswertes: Chrysokoll wird in der Oxidationszone von unzähligen Kupfererzlagerstätten zusammen mit Malachit, Azurit, Cuprit und Limonit gebildet (zum Beispiel in Cornwall/England, Ural/Russland, Zaire, Sambia, Kalifornien/USA, Mexiko, Chile). In der Clifton-Morenci Mine, Arizona/USA wird Chrysokoll sogar als Kupfererz abgebaut. Als Schmuckstein ist besonders der sogenannte Eilatstein, eine Verwachsung von Chrysokoll mit Türkis und Malachit, beliebt, der nördlich von Eilat/Israel und in Mexiko gefunden wird.

S. 143 u.r.: Chrysokoll
Ilmenau, Thüringen/BRD; 40 x 60 mm

Beryll $Be_3Al_2[Si_6O_{18}]$

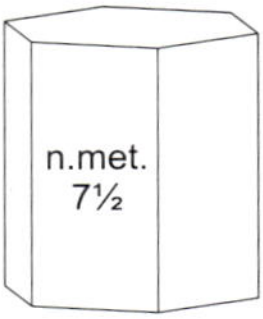

Merkmale: Farblos, gelb, rot, grün, blau in allen Nuancen; Dichte 2,6-2,8 g/cm³; Spaltbarkeit undeutlich; kristallisiert ein- und aufgewachsen in kleinsten bis sehr großen Kristallen, als lange, 6-seitige Prismen, seltener tafelig. Die Edelsteinvarietäten sind oft prächtig und flächenreich entwickelt. Auch in mächtigen derben Massen sowie als körnige oder stängelige Aggregate tritt Beryll auf.

Wissenswertes: Beryll ist ein typisches Mineral des pegmatitischen Bildungsbereichs. Das kleine Beryllium-Atom kann in die Strukturen der normalen Silikate nicht eingebaut werden und reichert sich daher in den pegmatitischen Restschmelzen an. Die zunächst noch bei höherer Temperatur gebildeten Kristalle sind oft riesig (bis über 50 t schwer), aber trüb hellgelb oder grünlich gefärbt (gemeiner Beryll). Typischerweise treten sie zusammen mit Quarz, Feldspat, Muskowit, Topas und

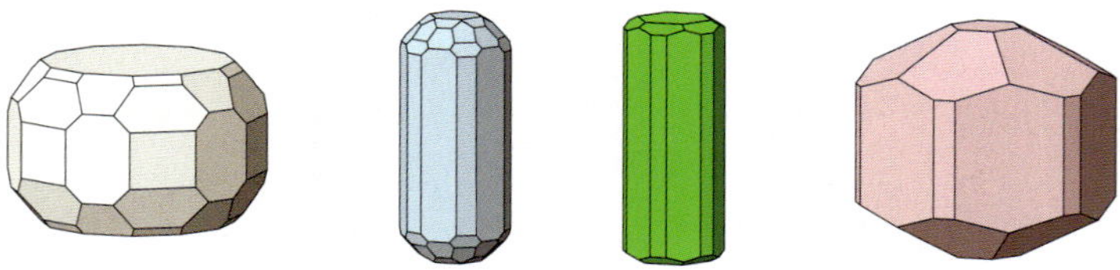

Turmalin auf. Durch Umkristallisation bei niedrigerer Temperatur entstehen die klaren und sehr geschätzten Edelsteinvarietäten.

Farbvarietäten: **Smaragd**, der als Ausnahme meist in metamorphen Gesteinen (Glimmerschiefern) entsteht, ist durch Chrom tiefgrün, eben smaragdgrün, gefärbt und in guter Qualität der teuerste Edelstein überhaupt. Die Kristalle sind überwiegend klein. Phantastischen Schmuck aus großen, ungeschliffenen Einkristallen kann man in der Wiener Schatzkammer, im Topkapı Museum, Istanbul/Türkei und im grünen Gewölbe in Dresden bewundern. Zabarah in Oberägypten war die Quelle für Smaragde im Altertum. Heute liefern Chivor und Muzo/Kolumbien die hochwertigsten Steine der Welt. Weitere Vorkommen sind Swerdlowsk, Ural/Russland, Gravelotte, Nordosttransvaal/Südafrika, Sandawana/Zimbabwe, Kenia, Sambia und das Habachtal/Österreich.

Der hell- bis tiefblaue oder grünlich blaue **Aquamarin** ist die häufigste Farbvarietät des Berylls. Er kommt z.B. von Nertschinsk, Ural/Russland, Elba/Italien, der Kleinen Spitzkoppe/Namibia und von Minas Gerais/Brasilien. Seit etwa 20 Jahren liefert das Grenzgebiet Afghanistan/Pakistan (Hunza-Tal und Gilgit) buchstäblich Tonnen hervorragender Aquamarine. Neuerdings kommen gute Kristalle auch von Usakos, Erongo/Namibia.

Der zitronen- bis goldgelbe **Goldberyll** wird u.a. in Sri Lanka, Namibia und Minas Gerais/Brasilien gefunden, der farblose **Goshenit** in Goshen, Massachusetts/USA und Brasilien sowie in schönen, flachtafeligen Kristallen in China. **Heliodor** (durch Uranoxid hell gelbgrün) kommt von Namibia und Madagaskar, **Morganit** (rosa bis violett) u.a. von Minas Gerais/Brasilien, Antsirabe/Madagaskar, Namibia und Hunan/China. **Roten Beryll** gibt es z.B. in Thomas Range, Utah/USA.

Beryll wird von alters her als Schmuck, Amulettstein und Medizin benutzt. Unser Wort Brille entstand aus dem griechischen Wort *beryllos*, weil aus farblosem Beryll Augengläser geschliffen wurden. Schon Kaiser Nero soll solche getragen haben. Aus Beryll wird das technisch bedeutsame Beryllium gewonnen. Es findet Verwendung in der Röntgentechnologie, im Raketenbau, in der Elektronik und der Reaktortechnik und ist zudem Bestandteil säurefester Legierungen.

S. 145 o.l.: Beryll
Wha-Wha Mountains, Utah/USA; 24 x 35 mm
S. 145 o.r.: Beryll (Smaragd)
Kolumbien; 33 x 48 mm
S. 145 u.: Beryll (Aquamarin)
Pech, Nuristan/Afghanistan; 80 x 55 mm

Turmalin $AB_9[(OH)_4|(BO_3)_3|Si_6O_{18}]$ (allgemeine Formel)

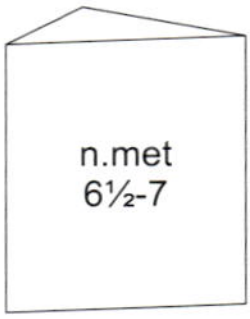

Merkmale: Farblos sowie alle nur denkbaren Farben und Farbtöne; Dichte 3,0-3,3 g/cm^3; Spaltbarkeit keine; Kristalle fast immer nadelig bis prismatisch gestreckt, oft mit einem sehr charakteristischen dreieckig erscheinenden Querschnitt und ausgeprägter Längsstreifung. Doppelender sind meist hemimorph entwickelt, das heißt sie zeigen an beiden Enden unterschiedliche Kristallflächen. Auch radialstrahlige Aggregate (Turmalinsonnen) finden sich oft. Der sehr stark ausgeprägte Pleochroismus ist ebenfalls ein unverwechselbares Erkennungsmerkmal des Turmalins: Blickt man in verschiedenen Richtungen durch den Stein hindurch, erscheinen die Farben in unterschiedlicher Intensität oder Tönung. Wie der Quarz zeigt auch der Turmalin piezoelektrische Eigenschaften.

Wissenswertes: Die Turmaline bilden eine sehr komplexe Gruppe von Mineralien mit zum Teil außerordentlich komplizierter chemischer Zusammensetzung. Durch Änderung der Bedingungen während des Kristallwachstums werden unterschiedliche Elemente ins Kristallgitter eingelagert, es entstehen zonierte Kristalle mit verschiedensten Farbkombinationen. Die berühmtesten Turmaline dieser Art kommen aus Madagaskar. Querschnitte der meterlangen und ca. 20 cm dicken Kristalle zeigen z.T. mehrere Dutzend verschieden gefärbte Wachstumszonen. »Wassermelonen« (z.B. von Pala, Kalifornien) haben einen roten Kern und eine grüne Hülle; »Mohrenköpfe« von Elba/Italien sind in Richtung der Längsachse verschieden gefärbt mit schwarzen Endflächen.

Turmalin ist der wichtigste Bor-Träger in Gesteinen und entsteht in verschiedensten Bereichen. Typisch ist er in vielen pneumatolytischen Bildungen, wobei er den Feldspat verdrängt. Zudem stellt er einen bedeutenden Bestandteil in manchen granitischen Tiefen- und Ganggesteinen, in Pegmatiten, aber auch in metamorphen Gesteinen dar. Zuweilen tritt er auch in hydrothermalen Erzgängen und Seifen auf. Die schleifwürdigen Varietäten stammen aus Edelsteinpegmatiten.

Die wichtigsten Endglieder der Turmalinfamilie: **Elbait** (Lithium-Turmalin), es in vielen verschiedenen Farbvarietäten gibt, die als Edelsteine besonders bedeutend sind und eigene Namen erhalten haben: Achroit ist farblos oder ganz lichtgrün, Rubellit rosa bis rot, Indigolith blau und Verdelith grün. **Schörl** ist der schwarze, gewöhnliche Turmalin mit sehr komplizierter Zusammensetzung. **Dravit** heißt der braune Magnesium-Turmalin, **Buergerit** der fast schwarze Eisen-Turmalin und **Uvit** der braune Calcium-Magnesium-Turmalin.

Beachtenswerte Fundorte sind der Granit des Brockens/Harz, San Piero in Campo, Elba/Italien, Kragerø/Norwegen (Kristalle von 5 m Länge), Luxullian, Cornwall/England, Antsirabe/Madagaskar, St. Gotthard/Schweiz, Shigar Tal/Pakistan und Nuristan/Afghanistan (⇨ Abb. S. 131). Klare Kristalle von Edelsteinqualität liefern u.a. Lagerstätten in Namibia und Madagaskar und vor allem Brasilien (Minas Gerais, Bahia). Rote und zweifarbige Steine kommen u.a. aus Mozambique, Kenia, Tansania und Pala/Kalifornien. Der schwarze Schörl ist als häufigster Vertreter der Turmaline weltweit verbreitet. Neue hervorragende Funde wurden am Erongo bei Karibib/Namibia gemacht.

S. 147 o.l.: Turmalin Minas Gerais/Brasilien; 45 x 65 mm
S. 147 o.r.: Turmalin, Elba/Italien; 16 x 23 mm
S. 147 u.: Turmalin, Elba/Italien; 52 x 38 mm

Ilvait $CaFe_3[O|OH|Si_2O_7]$

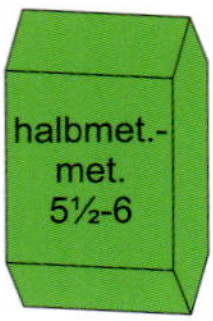

Merkmale: Samtschwarz, grünlich und bräunlich schwarz (öfter mit gelbbrauner Verwitterungsrinde); Dichte 4,1 g/cm³; Spaltbarkeit deutlich; aufgewachsene, langsäulige bis nadelige Kristalle mit Längsstreifung, auch strahlige, selten körnige Aggregate.

Wissenswertes: Ilvait bildet sich als typisches Produkt der Kontaktpneumatolyse. Fundpunkte sind Herborn-Seelbach/Hessen, Clausthal/Harz, Rio Marina auf Elba und Campiglia, Toskana/Italien, Trepča/Kosovo und die Laxey Mine, Idaho/USA. Seit einigen Jahren kommen phantastische, tiefschwarze und hochglänzende Kristalle von Dal'negorsk, Sibirien/Russland.

S. 149 o.l.: Ilvait
Rio Marina, Elba/Italien; 20 x 30 mm

Milarit $KCa_2AlBe_2[Si_{12}O_{30}]$

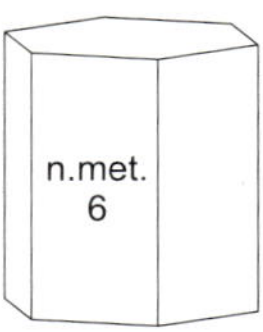

Merkmale: Farblos, hellgrün oder gelblich grün getönt; Dichte 2,5-2,6 g/cm³; Spaltbarkeit keine. Das Mineral kristallisiert in bis zu 4 cm langen, prismatischen Kristallen mit typischen beryllähnlichen Endflächen.

Wissenswertes: Milarit kommt in alpinen Klüften und Pegmatiten im Granit vor (Val Giuf bei Sedrun, Graubünden/Schweiz). Man findet ihn auch in hydrothermalen Gängen bei Henneberg/Thüringen und in Guanajuato/Mexiko. Schöne gelbgrüne Milarite von Edelsteinqualität kommen von Swakopmund/Namibia, hervorragende Kristalle auch von Brasilien und der Kola Halbinsel/Russland. Milarit ist nicht allein für Mineraliensammler interessant, sondern findet, wenn auch selten, ebenso als Schmuckstein Verwendung.

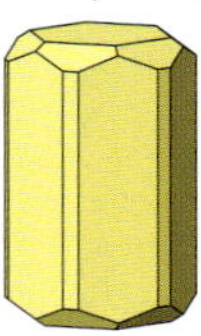

S. 149 u.l.: Milarit, Val Giuf/Schweiz; 20 x 29 mm

Pektolith $Ca_2NaH[Si_3O_9]$

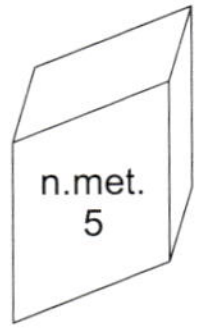

Merkmale: Farblos, weiß, grau; Dichte 2,8 g/cm³; Spaltbarkeit deutlich. Kristalle sind prismatisch oder tafelig, meist kommt Pektolith aber faserig, in radialstrahligen Aggregaten oder ganz dicht und derb vor.

Wissenswertes: Pektolith tritt hauptsächlich als hydrothermale Bildung in Basalthohlräumen auf, vergesellschaftet mit Zeolithen, Prehnit und Calcit. Selten findet man ihn in metamorphen Gesteinen. Hervorragende Stufen kommen vom Steinbruch Rauschermühle, Niederkirchen/Pfalz. Weitere Fundpunkte sind Skye/Schottland, Böhmen/Tschechien sowie die Halbinsel Kola/Russland.

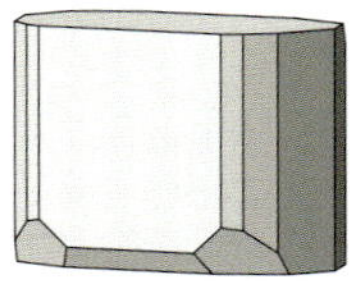

S. 149 o.r.: Pektolith
Rauschermühle, Pfalz/BRD; 40 x 60 mm

Osumilith
$(K,Na,Ca)(Mg,Fe)_2(Al,Fe)_3[Al_2Si_{10}O_{30}]$

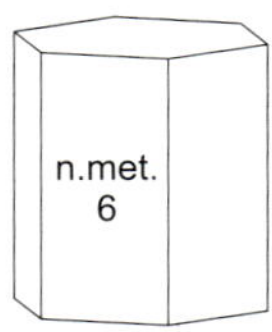

Merkmale: Dunkelblau bis schwarz; Dichte 2,6 g/cm³; Spaltbarkeit keine. Osumilith bildet meist sehr kleine, nur 1-5 mm lange, kurzsäulige Kristalle, die parallel der c-Achse gestreckt oder aber tafelig ausgeprägt sind. Auffallend ist ein sehr starker Pleochroismus (⇨S.146).

Wissenswertes: Osumilith kommt in Drusen vulkanischer Gesteine vor, zum Beispiel in Sakkabira, Osumi/Japan (daher der Name), Oregon/USA und Herchenberg und Bellerberg im Laacher See Vulkangebiet in der Eifel. Schöne Kristalle kommen aus Sardinien. **Cordierit** ist ein gesteinsbildend viel häufigeres, aber nur selten in schönen Kristallen auftretendes Mineral, das dem Osumilith sehr ähnelt und oft für Verwechslungen sorgt.

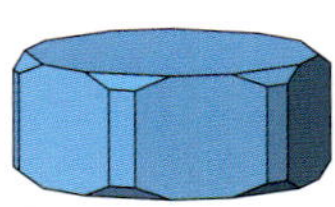

S. 149 u.r.: Osumilith, Sardinien/Italien; 8 x 12 mm

Pyroxene $AB[Si_2O_6]$ (allgemeine Formel)

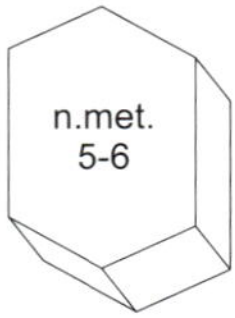

Die Pyroxene bilden eine Gruppe bedeutender gesteinsbildender Mineralien mit gleicher Struktur und ähnlichen Eigenschaften. Die wichtigste diagnostisch sehr hilfreiche Eigenschaft ist die vollkommene Spaltbarkeit nach 2 ungefähr senkrecht aufeinander stehenden Richtungen parallel zur Längserstreckung der meist prismatischen Kristalle. Dies ermöglicht eine einfache Unterscheidung von den sonst sehr ähnlichen Amphibolen (⇨ S. 152, Spaltwinkel 120°). Die wichtigsten Endglieder sind:

Enstatit $Mg_2[Si_2O_6]$, rhombisch
Ferrosilit $Fe_2[Si_2O_6]$, rhombisch
Diopsid $MgCa[Si_2O_6]$, monoklin
Hedenbergit $FeCa[Si_2O_6]$, monoklin
Jadeit $NaAl[Si_2O_6]$, monoklin
Spodumen $LiAl[Si_2O_6]$, monoklin

Als **Augit** bezeichnet man einen komplexen Mischkristall zwischen Diopsid und Hedenbergit, meist

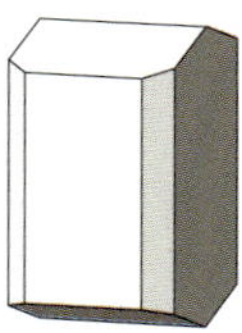
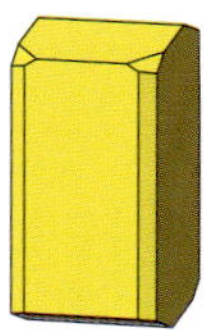

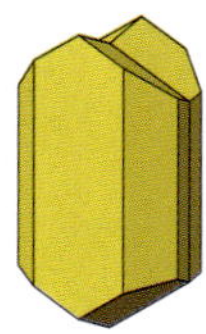

mit Aluminium und Titan, **Bronzit** und **Hypersthen** sind Mischkristalle zwischen Enstatit und Ferrosilit. Viele Pyroxene sind charakteristisch für magmatische Gesteine, andere für kristalline Schiefer, einige auch für kontaktmetamorphe Bildungen. Verhältnismäßig selten finden sich pneumatolytisch oder hydrothermal gebildete Kristalle auf Klüften oder in Drusen. Die Dichte der Pyroxene liegt zwischen 3,1-3,6 g/cm^3.

Enstatit, **Bronzit**, **Hypersthen**, **Ferrosilit**: grauweiß, gelblich, grünlich, bräunlich, dunkelgrün, schwarzbraun, pechschwarz (eisenreichere Glieder dunkler); Bronzit und Hypersthen mit metallischem Schiller durch orientiert eingelagerte Entmischungen; meist derb, gut ausgebildete Kristalle sehr selten, z.B. in den Apatitgängen von Bamle/Norwegen; wichtige Bestandteile von basischen Magmatiten sowie von Meteoriten.

Diopsid: farblos, weiß, gelb, bräunlich, hellgrün, auch blau und smaragdgrün (Chromdiopsid); oft gut entwickelte Kristalle, zuweilen sogar in Edelsteinqualität, prismatisch, rechtwinkliger Querschnitt, häufig körnige, stäbchenförmige, faserigstrahlige Aggregate; Val d'Ala, Val d'Ossola/Italien, Binntal/Schweiz, Zillertal/Österreich, Ural/Russland, Nordmarken/Schweden.

Augit, **Hedenbergit**: grün, grünlich schwarz und schwarz; gut entwickelte Kristalle in vielen Ergussgesteinen (basaltischer Augit), kurzsäulig bis nadelig mit achtseitigem Umriss und zwei Kopfflächen, Zwillinge häufig, sonst derb, eingesprengt, in einzelnen Körnern und körnigen Aggregaten; Kristalle aus der Eifel, vom Kaiserstuhl, vom Vesuv/Italien, aus der Auvergne/Frankreich. Hedenbergit gibt es besonders auf metamorph veränderten Magnetit-Lagerstätten (Arendal/Norwegen, Nordmarken/Schweden). Er ist wesentlicher Gemengteil der meisten magmatischen Gesteine, so neben Plagioklas in Basalten.

Jadeit: meist lichtgrün; sehr selten gute Kristalle, meist völlig dicht, mikrokristallin in verfilzten, körnigen oder faserigen Aggregaten; ähnlich dem Nephrit, wird zusammen mit diesem als **Jade** gehandelt; in Hochdruckgesteinen (Westalpen).

Spodumen: weiß, gelb, grau, rosarot (**Kunzit**), smaragdgrün (**Hiddenit**); wichtiger Lithium-Rohstoff; Vorkommen in Pegmatiten, wo er z.T. riesige Kristalle bildet (in Dakota/USA bis zu 90 t!), Bikita/Zimbabwe, Madagaskar, Namibia, Brasilien; hervorragende Edelsteine von Afghanistan.

S. 151 o.: Pyroxen (Diopsid) mit Hessonit
Val d'Ala, Piemont/Italien; 28 x 19 mm
S. 151 u.: Pyroxen (Augit)
Böhmen/Tschechien; 48 x 33 mm

Amphibole $X_{0-1}A_2B_5[(OH,F)_2|(Al,Si)_8O_{22}]$ (allgemeine Formel)

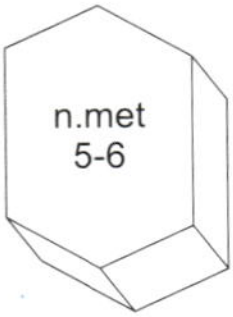

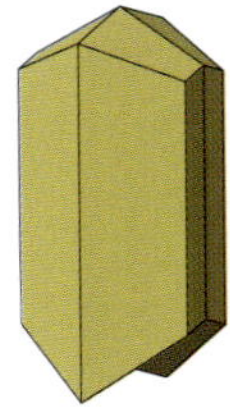

Die Amphibole bilden eine große Gruppe von sehr wichtigen gesteinsbildenden Mineralien. Die chemische Zusammensetzung der einzelnen Glieder (viele Dutzend sind bekannt) ist zum Teil außerordentlich kompliziert und durch vielfältige Substitutionen (Ersatz eines chemischen Elementes durch ein anderes) gekennzeichnet. Im Vorkommen und in den physikalischen Eigenschaften ähneln sie sehr den Pyroxenen und sind von diesen makroskopisch oft nur durch den Winkel der vollkommenen Spaltbarkeiten unterscheidbar (ca. 120° bei Amphibolen und 90° bei Pyroxenen; ➪S. 150). Alle Glieder der Reihe sind gekennzeichnet durch die prismatische bis faserige Ausbildung und die vollkommene Spaltbarkeit, die in ihrer Qualität die der Pyroxene noch übertrifft. Amphibole sind weit verbreitete Mineralien in allen Bereichen der Gesteinsbildung. Ihre Dichte schwankt je nach Zusammensetzung zwischen 2,9 und 3,7 g/cm^3. Einige Glieder kommen in dünnsten Fasern vor (**Amiant**, **Krokydolith**) und finden als Asbest Verwendung.

Asbest ist ein Sammelname für alle spinn- und webbaren Mineralfasern, die vor allem im Brandschutz und für hitzebelastete Werkstoffe und Bauteile, wie zum Beispiel Bremsbeläge, benutzt wurden. Aufgrund ihrer Feinheit dringen Asbeststäube mit der Atemluft in die Lunge ein, wo sie Krebserkrankungen hervorrufen. Etwa 95 % des Asbests besteht aus Chrysotil (➪Serpentin, S. 156), der Rest sind Amphibole (sog. Blauasbest). Wegen der perfekten Spaltbarkeit, die seine Faserenden immer weiter aufspleißen lässt, und der geringeren Löslichkeit im Organismus, die eine längere Verweildauer im Körper bedingt, ist Amphibol-Asbest die gefährlichere Art.

Die wichtigsten Amphibole sind:

Tremolit (**Grammatit**), $Ca_2Mg_5[(OH)_2|Si_8O_{22}]$, bildet weiße bis graue, lange, linealartige Stängel und strahlige Aggregate. Er kommt besonders in kontaktmetamorphen Kalken und Dolomiten aber auch in kristallinen Schiefern und Serpentinen vor. Fundpunkte guter Kristalle sind Campolungo, Tessin/Schweiz und das Zillertal/Österreich.

Aktinolith (**Strahlstein**), $Ca_2(Mg,Fe)_5[(OH)_2|Si_8O_{22}]$, kommt in verschieden grün gefärbten prismatischen Kristallen und in breitstängeligen, faserigen und verfilzten Aggregaten in vielen metamorphen Gesteinen vor. Zusammen mit den gleichfalls grünen Mineralien Epidot (➪S. 140) und Chlorit (➪S. 156) ist er farb- und namengebend für die große Gruppe der Grünschiefer.

Nephrit ist eine feinstkristalline Varietät, die der **Jade** (➪Jadeit, S. 150) ähnelt und in gleicher Weise verwendet wird.

Hornblende ist der gewöhnlichste Amphibol. Die grün- bis rabenschwarzen Kristalle haben eine sehr komplizierte Zusammensetzung, sind meist kurzsäulig, stängelig oder faserig entwickelt und ein- oder aufgewachsen. Auch derb und körnig tritt das Mineral auf. Es ist weltweit verbreitet, hauptsächlich in magmatischen und metamorphen Gesteinen.

Weitere Vertreter der Amphibole sind blauer **Glaukophan**, violettroter bis gelber **Richterit**, dunkelblauer **Riebeckit** und hell blaugrüner **Antophyllit**.

S. 153 o.l.: Amphibol (Hornblende)
Drachenfels, Siebengebirge/BRD, 30 x 44 mm
S. 153 o.r.: Amphibol (Hornblende) im Calcit
Wilberforce, Ontario/Canada; 60 x 88 mm
S. 153 u.: Amphibol (Aktinolith)
Felbertauerntunnel/Österreich; 60 x 44 mm

Prehnit $Ca_2Al[(OH)_2|AlSi_3O_{10}]$

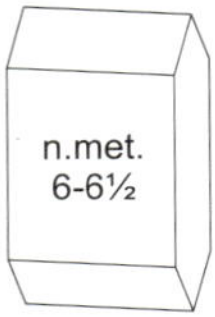

Merkmale: Farblos, weiß, meist hellgrün und gelblich grün; Dichte 2,8-3,0 g/cm³; Spaltbarkeit deutlich; vorwiegend tafelige, auch prismatische Kristalle, oft gekrümmt, kugelige, fächer- und hahnenkammartige Gruppen.

Wissenswertes: Prehnit wird, ähnlich den Zeolithen, als sekundäres oder hydrothermales Produkt in Blasenhohlräumen, Klüften, Drusen und Gängen von basischen Gesteinen und kristallinen Schiefern gebildet. Niederkirchen/Pfalz, Bourg-d'Oisans, Dauphiné/Frankreich sind erwähnenswerte Fundpunkte, gesteinsbildend kommt er im Trapp von New Jersey/USA vor, in klaren Kristallen von Edelsteinqualität in Neusüdwales/Australien.

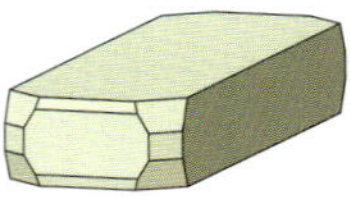

S. 155 o.l.: Prehnit
Herborn-Seelbach/BRD; 20 x 29 mm

Rhodonit $CaMn_4[Si_5O_{15}]$

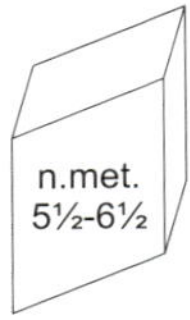

Merkmale: Fleischrot, rosenrot, oft braunrot mit schwarzen dendritischen Einlagerungen von Manganoxid durch beginnende Verwitterung; Dichte 3,7 g/cm³; Spaltbarkeit vollkommen; Rhodonit bildet flächenreiche Kristalle mit deutlich trikliner Morphologie, meist tafelig oder prismatisch mit gerundeten Ecken, überwiegend ist er jedoch derb oder grobspätig.

Wissenswertes: Schön gefärbter Rhodonit wird als Schmuckstein verschliffen. Dichtes Material ist von Sedelnikówaja, Ural/Russland bekannt; prachtvolle Kristalle wurden in Pajsberg und Långban/Schweden, und Broken Hill, Neusüdwales/Australien gefunden.

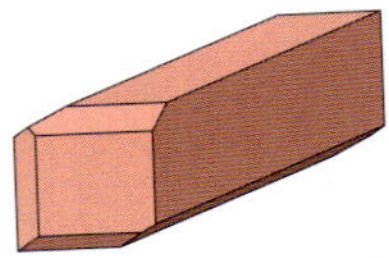

S. 155 o.r.: Rhodonit
Broken Hill/Australien; 30 x 44 mm

Apophyllit $KCa_4[(F,OH)|(Si_4O_{10})_2]\cdot 8H_2O$

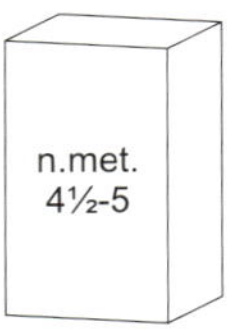

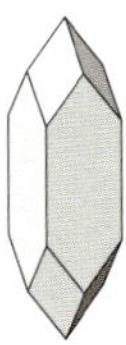

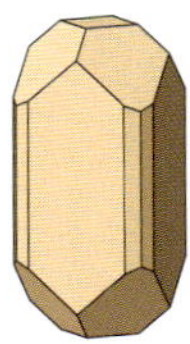

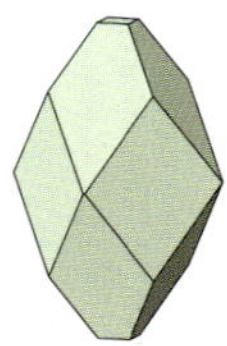

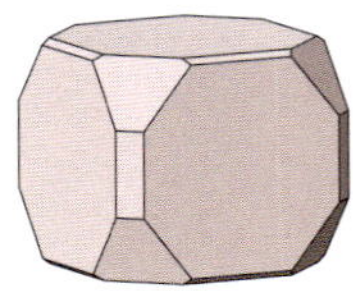

Merkmale: Farblos, weiß, grau, rosa, gelblich, grünlich, bläulich; Dichte 2,3-2,4 g/cm³; Spaltbarkeit vollkommen nach der Basis (hervorragendes diagnostisches Merkmal!); Kristalle fast stets aufgewachsen, entweder spitz dipyramidal, würfelähnlich oder tafelig ausgebildet; die Prismenflächen sind typischerweise vertikal gestreift; auch blättrige, selten strahlige Aggregate.

Wissenswertes: Apophyllit wird hauptsächlich als sekundäres Mineral zusammen mit Prehnit, Calcit, Analcim, Stilbit und anderen Zeolithen in Hohlräumen in Basalten gebildet (zum Beispiel in Sasbach am Kaiserstuhl, Haslach/Baden, Ústí nad Labem (Aussig)/Tschechien, Fassatal und Seiseralm/Italien sowie, besonders schön, auf den Färöer Inseln und Island. Große, farblose oder kräftig grüne Apophyllite kommen in beträchtlicher Menge vor allem von Poonah/Indien. Dort sind sie fast stets auf Natrolith aufgewachsen und mit tafeligen Stilbiten und anderen Zeolithen vergesellschaftet. Manchmal wird Apophyllit auch hydrothermal gebildet oder entsteht in Gängen von Sulfidlagerstätten, beispielsweise in St. Andreasberg/Harz (rosarote Kristalle), Kongsberg/Norwegen, Nagyág, Siebenbürgen/Rumänien und Guanajuato/Mexiko.

S.155 u.l.: Apophyllit, Teigrarhorn/Island; 32 x 47 mm
S.155 u.r.: Apophyllit auf Pyrargyrit
St. Andreasberg, Harz/BRD; 15 x 22 mm

Talk, Steatit $Mg_3[(OH)_2|Si_4O_{10}]$

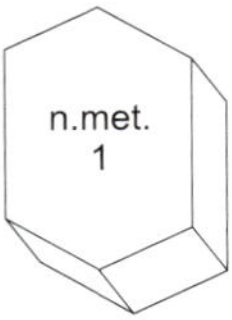

Merkmale: Weiß, grünlich bis bläulich, gelb, rötlich bis braun; Dichte 2,7-2,8 g/cm³; Spaltbarkeit vollkommen; Kristalle sind selten, meist findet man blättrige, schuppige, auch stängelige Aggregate; dichte Massen heißen **Speckstein**. Speckstein bildet Pseudomorphosen nach Quarz (!) (Göpfersgrün/Fichtelgebirge). Alle Varietäten fühlen sich seifig an; dünne Plättchen kann man leicht umknicken.

Wissenswertes: Talk ist ein weit verbreitetes sekundäres Mineral und wurde hauptsächlich durch Umwandlung basischer Gesteine gebildet. Er wird verwendet als Puder (Talkum-Puder), Füllmasse von Papier, Zusatz zu Seifen und Appreturen und als Schmiermittel. Speckstein wird von alters her für Schnitzarbeiten verwendet.

S. 157 o.l.: Talk
Hospental, Sankt Gotthard/Schweiz; 34 x 50 mm

Chlorit $A_6[(OH)_8|(Al,Si)_4O_{10}]$ (allg. Formel)

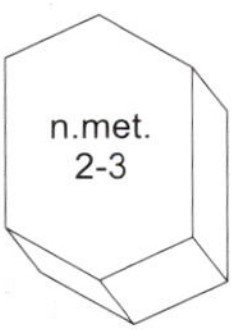

Der Chloritgruppe gehören mindestens 20 selbstständige Mineralien sehr komplizierter Zusammensetzung an, die makroskopisch nur schwer unterscheidbar sind. Häufige Glieder sind **Klinochlor** und **Pennin**.

Merkmale: Im Allgemeinen dunkelgrün mit einem Stich ins Blaugrüne; Dichte 2,6-3,3 g/cm³; Spaltbarkeit bei allen Chloriten glimmerähnlich nach der Basis; Spaltplättchen biegsam, aber nicht elastisch; Kristalle selten gut ausgebildet, sehen aufgrund häufiger Zwillingsbildung hexagonal aus.

Wissenswertes: Chlorit entsteht metamorph und hydrothermal und ist neben Amphibol und Epidot ein bedeutender und zudem der farbgebende Bestandteil der Grünschiefer.

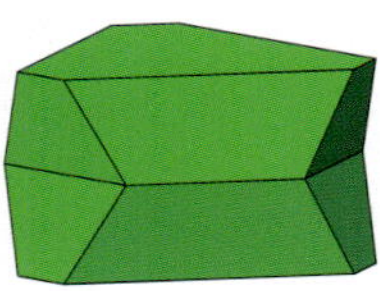

S. 157 u.l.: Chlorit (Pennin)
Rimpfischwäng, Zermatt/Schweiz; 10 x 15 mm

Serpentin $Mg_6[(OH)_8|Si_4O_{10}]$

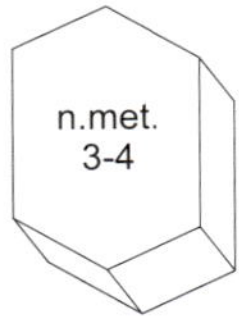

Merkmale: Vor allem Grüntöne (durch Nickelgehalte smaragdgrün), aber auch weiß, gelbbraun, schwarz, matt schimmernd; Dichte 2,5-2,6 g/cm³; Spaltbarkeit vollkommen; zumeist nur mikrokristallin, dicht, blättrig und vor allem faserig.

Wissenswertes: Serpentin ist ein Sammelbegriff für ein Gruppe von Mineralien, deren wichtigste Vertreter die chemisch fast identischen Glieder **Antigorit** und **Chrysotil** sind. Sie entstehen vor allem durch die Umwandlung von Olivin-Gesteinen (⇨Olivin S. 132), wodurch riesige Gesteinskomplexe, die Serpentinite, entstehen. Beispiele sind Val Antigorio, Piemont/Italien und Sterzing, Tirol/Österreich. Edler Serpentin wird für kunstgewerbliche Zwecke benutzt, Chrysotil ist das wichtigste Mineral im Asbest (⇨Amphibole S. 152).

S. 157 o.r.: Serpentin, Yukon/Kanada

Kämmererit

$(Mg,Fe,Cr)_6[(OH)_8|(Al,Si)_4O_{10}]$

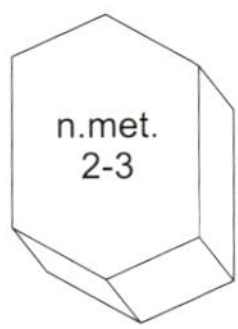

Merkmale: Rot bis rotviolett, pfirsichblütenrot; Dichte 2,6 g/cm³; Spaltbarkeit glimmerähnlich vollkommen; Kristalle tafelig pseudohexagonal oder rhomboedrisch, gestreift. Kristalle sind selten, meist klein, häufig kommen perfekt ausgebildete Zwillinge vor.

Wissenswertes: Kämmererit gehört zur Chloritgruppe, unterscheidet sich aber durch seine typische Farbe von allen anderen Gliedern. Das relativ seltene Mineral ist in Chromitlagerstätten zusammen mit Uwarowit zu finden (Swerdlowsk/ Russland, Guleman/Türkei). Besonders schöne, bis 3 cm große Einzelkristalle und herrliche Zwillinge wurden um 1980 in Kop Dagları/Türkei entdeckt.

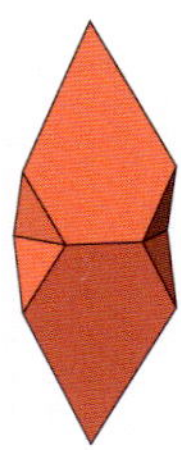

S. 157 u.r.: Kämmererit
Kop Dagları/Türkei; 17 x 25 mm

Glimmer $AB_{2\text{-}3}[(OH,F)_2|AlSi_3O_{10}]$ (allgemeine Formel)

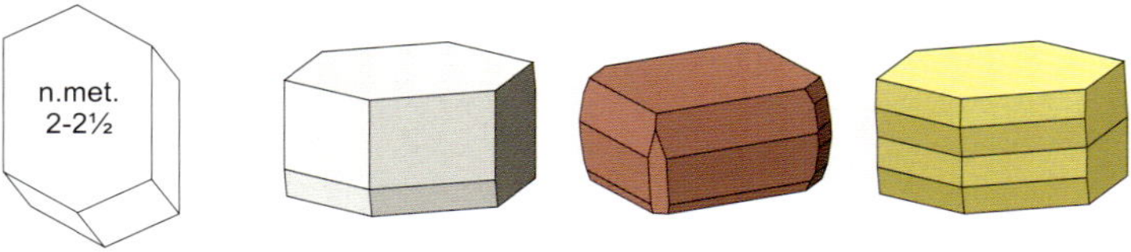

Die Glimmer stellen eine bedeutende Gruppe gesteinsbildender Mineralien dar, die strukturell vergleichbar sind und deren physikalische Eigenschaften sich sehr ähneln. Ihre Struktur besteht aus einzelnen Schichten (Schichtsilikate), die in sich eine starke Bindung aufweisen; untereinander jedoch werden die Schichten nur durch sehr schwache Kräfte zusammengehalten. Daraus resultiert eine »glimmerartig-vollkommene« Spaltbarkeit, die qualitativ beste, die man bei Mineralien überhaupt finden kann. Glimmertafeln lassen sich, gleich einem Buch, in hundertstel Millimeter dicke, elastisch biegsame Plättchen aufblättern. Auch alle anderen Eigenschaften der Glimmer sind ausgesprochen anisotrop (richtungsabhängig), etwa die Härte, vor allem aber die Wärme- und elektrische Leitfähigkeit, die beide senkrecht zur Spaltbarkeit extrem gering sind. Daher benutzt man Glimmer als Isolatoren in elektrischen Geräten und als Kontrollfenster in Öfen. Manche Glimmer bauen zusätzliches Wasser zwischen ihren Schichten ein, das beim Erhitzen entweicht, wobei die tafeligen Kristalle sich wurmartig aufblähen (Vermiculit). Diese Varietäten sind als Zuschlagstoffe und Verpackungsmaterial beliebt. Glimmer treten in allen Bereichen der Gesteinsbildung auf.

Die wichtigsten Glieder der Glimmergruppe sind:

Muskovit $KAl_2[(OH,F)_2|AlSi_3O_{10}]$
Phlogopit $KMg_3[(OH,F)_2|AlSi_3O_{10}]$
Biotit $K(Mg,Fe)_3[(OH)_2|(Al,Fe)Si_3O_{10}]$
Lepidolith $KLi_{1,5}Al_{1,5}[(OH)_2|Al_2Si_2O_{10}]$

Muskovit: Farblos, gelblich, grünlich, rötlich; Dichte 2,8-2,9 g/cm³; Kristalle meist tafelförmig, selten auch spitzpyramidal, ein- und aufgewachsen, mit sechsseitigem Umriss, blättrig-rosettenartige Aggregate, feinste Schüppchen (**Sericit**) oder dicht. Muskovit ist nach Biotit der am weitesten verbreitete Glimmer, besonders in Metamorphiten, vielen Magmatiten, auch in Sedimenten. Große Kristalle findet man in Pegmatiten (Ural/Russland, Miami Mica Field/Zimbabwe, Platten von 3-5 m² aus Ontario/Kanada). Muskovit ist sehr transparent und wurde sogar als Fenster verwendet. Hiervon leitet sich auch der Name ab: *Vitrium Moscoviticum* = Glas aus Moskau.

Phlogopit: Rotbraun, gelblich, grünlich, auch farblos; Dichte 2,8-3,0 g/cm³; Kristalle im Aussehen wie Biotit, stets fluorhaltig. Phlogopit ist typisch für pegmatitisch-pneumatolytische Bildungen und für Magmatite. Riesige Kristalle findet man in Ontario/Kanada, Madagaskar und Sri Lanka. Das größte Vorkommen ist Slyudjanka, Sibirien/Russland.

Biotit: Dunkelbraun, dunkelgrün, schwarz; Dichte 2,8-3,2 g/cm³; tafelige, ein- und aufgewachsene Kristalle mit sechseitigem Umriss, blättrige Aggregate, meist schlechte Randbegrenzung; durch wechselnde chemische Zusammensetzung oft gut erkennbarer Zonarbau. Biotit ist der häufigste Glimmer und kommt vorwiegend in magmatischen Gesteinen, aber auch in Gneisen und Glimmerschiefern vor. In Sedimenten ist er instabil und wird zersetzt. Gut ausgebildete Kristalle gibt es vom Mte. Somma, Vesuv/Italien und aus der Eifel.

Lepidolith: Pfirsichblütenrot, rosenrot, weiß und grau; Dichte 2,8-2,9 g/cm³; Kristalle ähnlich dem Muskovit, sehr häufig aber halbkugelig-schalige Aggregate, auch feinkörnig-schuppig. Lepidolithe sind typisch für Lithium-Pegmatite und pneumatolytische Bildungen (San Diego, Kalifornien/USA, Namibia und Bikita/Zimbabwe).

S. 159 o.l.: Glimmer (Biotit)
Cornwall/England; 25 x 35 mm
S. 159 o.r.: Glimmer (Muskovit)
Minas Gerais/Brasilien; 44 x 65 mm
S. 159 u.: Glimmer (Muskovit)
Minas Gerais/Brasilien; 60 x 40 mm

Nephelin, Eläolith $KNa_3[AlSiO_4]_4$

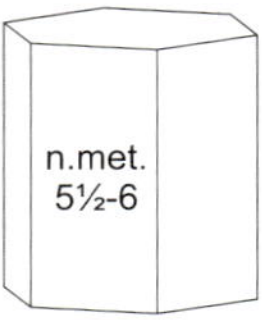

Merkmale: Farblos, grau, gelblich, grünlich, bläulich, dunkelgrün, bräunlich rot; Dichte 2,6-2,7 g/cm³; Spaltbarkeit gut; meist einfache, hexagonale Prismen mit oft rauer Oberfläche, kurzsäulig, ein- und aufgewachsen.

Wissenswertes: Nephelin gehört zu den Feldspatvertretern (⇨Leucit) und kommt hauptsächlich in basischen Tiefen- und Ergussgesteinen sowie deren Pegmatiten vor, selten in kleinen Kristallen aufgewachsen in Poren vulkanischer Auswürflinge (Vesuv/Italien, Laacher See/Eifel). Die Vorkommen auf der Halbinsel Kola und der norwegischen Insel Sternoy werden abgebaut.

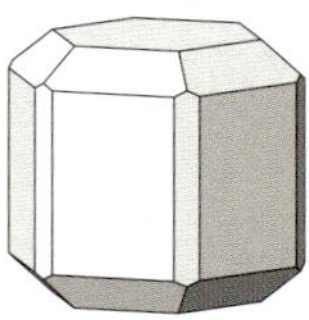

S. 161 o.l.: Nephelin, Vesuv/Italien; 10 x 15 mm

Analcim $Na[AlSi_2O_6]\cdot H_2O$

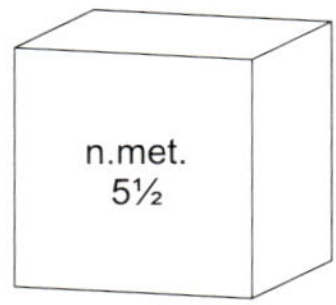

Merkmale: Weiß, rosa, grau, gelb, fleischrot; Dichte 2,2-2,3 g/cm³; Spaltbarkeit undeutlich. Die bis zu 10 cm großen und oft ideal ausgebildeten Kristalle sind einzeln oder in Gruppen aufgewachsen. Analcim kommt auch derb, körnig, dicht und erdig vor.

Wissenswertes: Das Mineral ist ein Feldspatvertreter (⇨Leucit) und entsteht hydrothermal in magmatischen Gesteinen. Bis zu 10 cm große Kristalle wurden im Fassatal und auf der Seiseralm/Italien gefunden. Auf Prehnit aufgewachsen kommt Analcim in Rauschermühle/Pfalz vor und neuerdings in Jakutien, Sibirien/Russland.

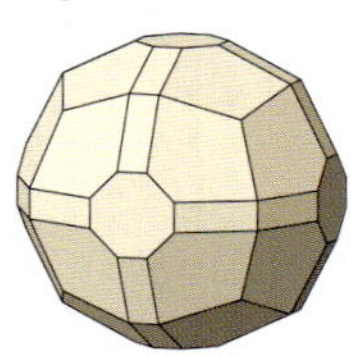

S. 161 o.r.: Analcim, Ciamol Alp/Italien; 11 x 16 mm

Leucit $K[AlSi_2O_6]$

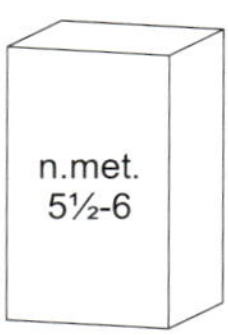

Merkmale: Farblos, weiß, grau; Dichte 2,5 g/cm³; Spaltbarkeit keine; kristallisiert meist in regelmäßig ausgebildeten Ikositetraedern (Vierundzwanzigflächnern), weshalb man diese Kristallform auch als Leucitoeder bezeichnet, selten auch in Rhomboedern. Meistens findet man Leucit in gut ausgebildeten Kristallen eingewachsen, selten aufgewachsen oder derb; die Flächen sind rau und oft gestreift.

Wissenswertes: Leucit ist der wichtigste Feldspatvertreter, neben Nephelin und Analcim sowie Lapislazuli, Nosean und Hauyn (⇨S. 162). Dies sind Mineralien, die bei Silizium-Unterschuss in magmatischen Gesteinen anstelle der Feldspäte entstehen. Sie können also nie neben Quarz existieren. Leucit wird in der Natur stets bei Temperaturen oberhalb 600° C in Form kubischer Kristalle gebildet. Unterhalb dieser Temperatur wandelt er sich in die tetragonale Tieftemperaturform um, wobei die idiomorphen Kristallformen erhalten bleiben und sich im Inneren ein feines

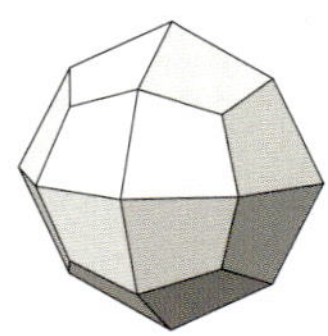

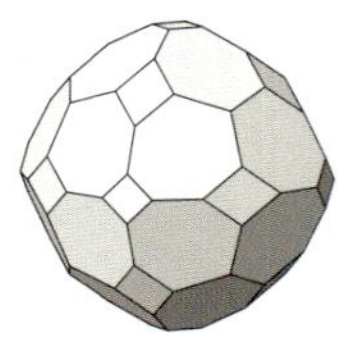

Netzwerk verzwillingter Bereiche ausbildet (Paramorphose von Tiefleucit nach Hochleucit). Dies ist der Grund dafür, dass die Kristalle sehr häufig gestreifte Flächen haben und porzellanartig undurchsichtig werden. Klare Kristalle kommen nur selten vor und sind stets klein. Leucit ist fast immer an Ergussgesteine gebunden, gelegentlich wird er aber auch pneumatolytisch gebildet. In jungen erstarrten Laven kristallisiert er mit der Zeit mikroskopisch fein aus. Gut ausgebildete Leucitoeder findet man zum Beispiel in den Tuffen des Vesuvs/Italien, der Eifel und des Kaiserstuhls sowie in ausgezeichneten Kristallen bei Vancouver, British-Columbia/Kanada.

S. 161 u.: Leucit, Resina/Italien; 60 x 44 mm

Helvin $(Fe,Mn,Zn)_8[S_2|(BeSiO_4)_6]$

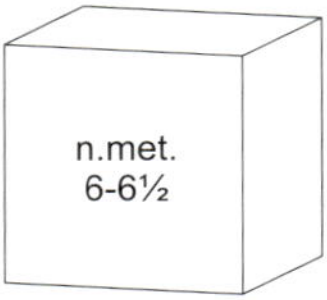

Merkmale: Gelb und grün, seltener gelbrot bis braunrot; Dichte 3,1-3,7 g/cm³; Spaltbarkeit deutlich; bildet einige Zentimeter große, meist tetraedrische, manchmal oktaedrische Kristalle, auch körnige Aggregate, selten kugelige Formen.

Wissenswertes: Helvin kommt hauptsächlich in granitischen Pegmatiten, Gneisen und hydrothermalen Gängen vor, zum Beispiel im Bayerischen Wald, in Schwarzenberg/Sachsen, Cavnic/Rumänien und Hörtekollen bei Oslo/Norwegen. Riesige Kristalle von Helvin wurden vor allem in Yxsjö/Schweden gefunden.

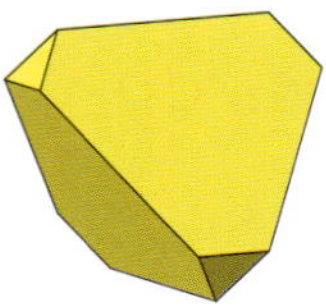

S. 163 o.l.: Helvin
Schwarzenberg, Sachsen/BRD; 12 x 16 mm

Hauyn $(Na,Ca)_{8-4}[(SO_4)_{2-1}|(AlSiO_4)_6]$

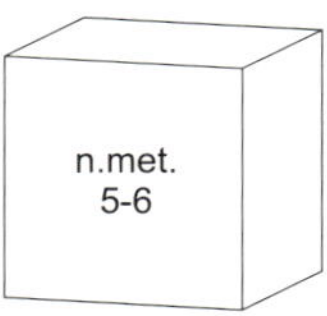

Merkmale: Weiß, grau, grün oder blau getönt; Dichte 2,4-2,5 g/cm³; Spaltbarkeit gut; bildet rhombendodekaedrische oder oktaedrische Kristalle und, ganz ähnlich wie Nosean, meist gerundete Körner; Zwillingsbildungen sind häufig.

Wissenswertes: Hauyn gehört zu den Feldspatvertretern (⇨Leucit, S. 160) und kommt fast ausschließlich in Nephelin oder Leucit führenden Ergussgesteinen vor, so zum Beispiel in Niedermendig, Laacher See/Eifel und im Hauynporphyr von Monte Vulture bei Melfi/Italien. Besonders die klaren, tiefblauen Kristalle aus der Eifel werden zu Schmucksteinen verschliffen.

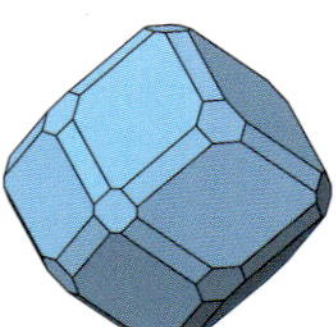

S. 163 u.l.: Hauyn
Campagna di Roma/Italien; 13 x 19 mm

Lapislazuli $Na_8[S|(AlSiO_4)_6]$

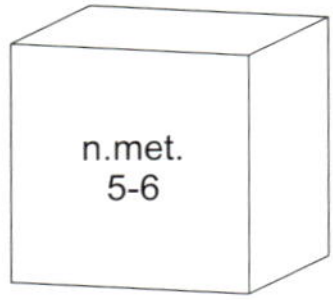

Merkmale: Dunkel lasurblau, grünlich oder violett, manchmal fleckig; Dichte 2,4 g/cm³, Spaltbarkeit gut; schöne, eingewachsene Kristalle, meist Rhombendodekaeder; auch derb, dicht, massig.

Wissenswertes: Lapislazuli (auch **Lasurit** genannt) ist ein Feldspatvertreter (⇨Leucit, S. 160) in kontaktmetamorphen Marmoren. Der seit Urzeiten geschätzte Schmuckstein wird vor allem in Afghanistan, am Baikalsee, Sibirien/Russland und in Chile gefunden. Aufgewachsene Kristalle gibt es manchmal in den Auswürflingen des Vesuvs/Italien.

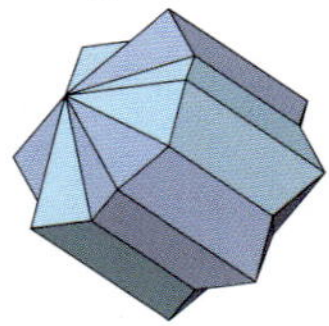

S. 163 o.r.: Lapislazuli
Dar es Shan, Afghanistan; 40 x 60 mm

Nosean $Na_8[SO_4|(AlSiO_4)_6]$

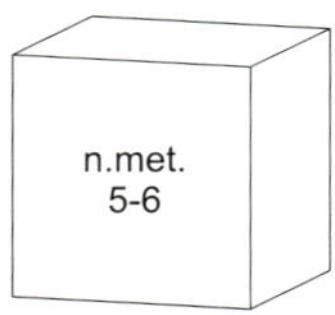

Merkmale: Grau, braun, blau; Dichte 2,3-2,4 g/cm³; Spaltbarkeit gut; Kristalle meist rhombendodekaedrisch, ein- oder (seltener) aufgewachsen, gewöhnlich runde Körnchen und Aggregate, Zwillingsbildung häufig.

Wissenswertes: Nosean gehört zu den Feldspatvertretern (⇨Leucit, S. 160) und kommt, wie auch Hauyn, fast nur in jungen Ergussgesteinen vor. Am Laacher See in der Eifel findet man sehr gut ausgebildete Kristalle in Sanidin führenden Auswürflingen (das sind Nebengesteinsfragmente, die mit dem heißen Magma nach oben transportiert wurden). Des weiteren findet man Nosean im Hegau und am Kaiserstuhl/Baden sowie am Vesuv/Italien.

S. 163 u.r.: Nosean
Laacher See, Eifel/BRD; 30 x 44 mm

Kalifeldspat $K[AlSi_3O_8]$

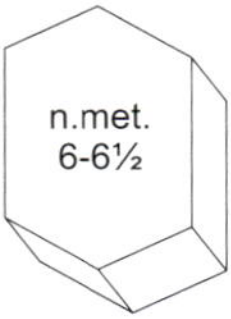

Merkmale: Farblos, weiß, rötlich oder gelblich weiß, blassgelb, fleischrot, grau, spangrün; Dichte 2,5-2,6 g/cm³; Spaltbarkeit vollkommen in zwei Richtungen, die fast senkrecht aufeinander stehen. Die Kristalle sind meist tafelig, manchmal auch prismatisch oder blockig. Sie können ein- und aufgewachsen sein und Größen von vielen Metern erreichen. In Drusen und Klüften gebildete Kalifeldspäte sind oft flächenreich. Bestes diagnostisches Hilfsmittel sind die typischen Zwillingsbildungen. Bei den außerordentlich häufigen Karlsbader Zwillingen (⇨2. Grafik von links), bei denen sich zwei tafelige Kristalle durchdringen, reflektieren die Spaltflächen der beiden Individuen bei verschiedenen Winkeln, sodass die Bruchflächen der Kristalle im Gestein zweigeteilt erscheinen. Die prismatisch gestreckten Manebacher und Bavenoer Zwillinge (⇨ 1. und 2.Grafik von rechts) sind viel seltener. Kalifeldspäte kommen auch derb, spätig bis körnig, seltener blättrig vor.

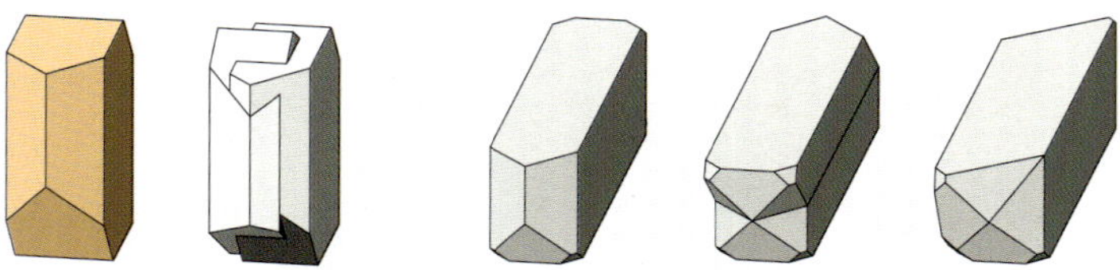

Wissenswertes: Die Kalifeldspäte gehören in die für die Gesteinsbildung äußerst wichtige Gruppe der Feldspäte (⇨S. 166). Sie zeigen je nach Bildungstemperatur und Abkühlungsgeschwindigkeit ein komplexes und interessantes Verhalten: Bei Temperaturen oberhalb von ca. 600° C kristallisieren sie mit monokliner Symmetrie und heißen dann **Sanidin**. Mit sinkender Temperatur ordnen sich die Silizium- und Aluminium-Atome im Kristallgitter, es entsteht der trikline **Mikroklin**. Für den teilgeordneten Zustand zwischen diesen Endstadien hat man noch den Namen **Orthoklas** geprägt. Da die Ordnungsprozesse Zeit beanspruchen, bleibt monokliner Sanidin bei sehr schneller Abkühlung (Erstarren von Magma an der Erdoberfläche) erhalten, in langsam abgekühlten Tiefengesteinen findet man ihn dagegen nie. Eine weitere Komplikation ist die bei hohen Temperaturen vollständige Mischbarkeit zu Albit (⇨S. 166) – Mischkristalle heißen **Alkalifeldspat**. Bei tieferen Temperaturen passen die Natriumatome des Albits nicht mehr ins Kristallgitter, die Alkalifeldspäte entmischen, es entsteht **Perthit**, eine Verwachsung von Albit und Kalifeldspat. An groben Perthiten sind die spindelförmigen Entmischungen auf den Spaltflächen gut zu erkennen.

Pseudorhomboedrische Kalifeldspäte, wie sie für viele alpine Vorkommen typisch sind, heißen **Adular**; smaragdgrüne Mikrokline aus Pegmatiten heißen **Amazonit**; **Mondstein** ist ein durch feinste Entmischungen schillernder Sanidin.

Alkalifeldspäte sind vor allem in magmatischen, aber auch in metamorphen Gesteinen ein häufiger Gemengteil. Besonders in Pegmatiten kommen sie als riesige Einkristalle vor. Weltweit gibt es eine unüberschaubare Zahl von Fundpunkten, besonders erwähnenswerte sind für Sanidin: Eifel, Pantelleria und Elba/Italien; für Mikroklin: Hagendorf/Fichtelgebirge, Norwegen und Finnland; für Amazonit: Colorado/USA und Namibia; für Orthoklas: Baveno und Elba/Italien, Karlsbad/Tschechien, Gilpatrick/Schottland.

Bei der Verwitterung entsteht u.a. Kaolin, der für die Porzellanherstellung benötigt wird (*china clay*). Kalifeldspäte werden hauptsächlich für keramische Zwecke abgebaut.

S. 165 o.l.: Kalifeldspat (Sanidin)
Drachenfels, Siebengebirge/BRD; 40 x 59 mm
S. 165 o.r.: Kalifeldspat (Orthoklas)
Rudolfstein, Fichtelgebirge/BRD; 50 x 74 mm
S. 165 u.: Orthoklas mit Rauchquarz und Apatit
Epprechtstein, Fichtelgebirge/BRD; 45 x 33 mm

Plagioklas Albit: $Na[AlSi_3O_8]$; Anorthit: $Ca[Al_2Si_2O_8]$

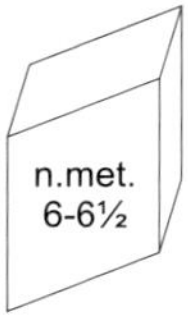

Merkmale: Farblos, weiß, matt grüngrau, grün, rot; Dichte 2,6-2,8 g/cm³; Spaltbarkeit vollkommen; Kristalle meist tafelig, ein- und aufgewachsen, selten größer als 1-2 cm. Die eingewachsenen Kristalle bilden Tafeln mit typisch leistenförmigem Querschnitt. Eine besondere morphologische Ausbildung dicktafeliger Kristalle heißt **Periklin**. Unverzwillingte Plagioklase sind extrem selten, daher ist die Zwillingsbildung für das Erkennen sehr hilfreich. Am häufigsten sind Zwillinge nach dem Albit-Typus, bei dem zahlreiche Individuen lamellenartig (polysynthetisch) verwachsen sind. Dies äußert sich in einer feinen, geradlinigen, parallelen Streifung der Spaltflächen im Gegensatz zu den spindelförmigen Entmischungslamellen der Alkalifeldspäte (➪S. 164).

Wissenswertes: Feldspäte sind mit einem Anteil von ca. 65 % die mit Abstand häufigsten Mineralien der Erdkruste. Sie bilden ein komplexes

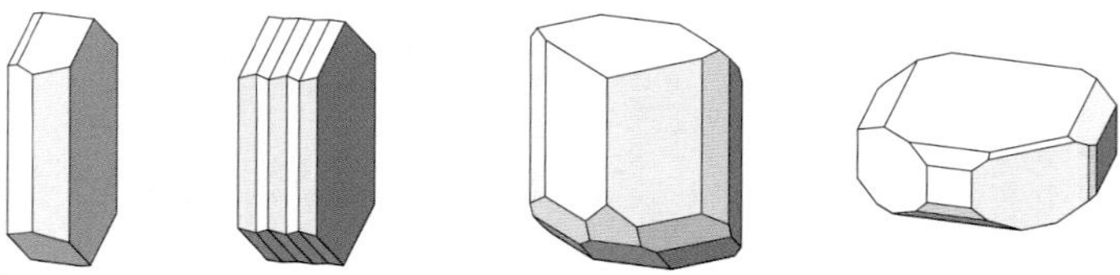

Mischkristallsystem mit den drei Endgliedern

Kalifeldspat $KAl[Si_3O_8]$ (➪S. 164)
Albit $NaAl[Si_3O_8]$
Anorthit $CaAl_2[Si_2O_8]$,

zwischen denen die Mischbarkeit temperaturabhängig ist. Mischkristalle zwischen Kalifeldspat und Albit heißen **Alkalifeldspat**, solche zwischen Albit und Anorthit Plagioklas. Für die intermediären Plagioklase wurden spezielle Namen geprägt: **Oligoklas** (90-70 % Albit), **Andesin** (70-50 % Albit), **Labradorit** (50-30 % Albit) und **Bytownit** (30-10 % Albit). Die Mischbarkeit zwischen Kalifeldspat und Anorthit ist bei allen Bedingungen nur sehr gering. Allen Feldspäten gemeinsam ist die nahezu rechtwinklige Spaltbarkeit.

Das Kristallisationsverhalten der Plagioklase ist von großer Bedeutung für die Gesteinsentstehung. Bei hohen Temperaturen bilden sich anorthitreiche Mischkristalle, mit sinkender Temperatur nimmt der Albitanteil immer mehr zu. Dies führt zu zonierten Kristallen und ist – für die Gesteinsbildung noch wichtiger – ein wesentlicher Faktor bei der so genannten magmatischen Differentiation, durch welche die Vielfalt der Gesteinstypen zu erklären ist. Die zuerst gebildeten Kristalle sind calciumreich und siliziumarm, die Schmelze ändert ihre Zusammensetzung entsprechend. Werden die Kristalle durch irgendeinen Prozess aus der Schmelze entfernt, kristallisiert diese zu einem völlig anderen Gestein aus.

Plagioklase sind Bestandteil der meisten magmatischen und metamorphen Gesteine. In Sedimenten findet man sie dagegen nur untergeordnet, da sie leicht verwittern. Die Vorkommen sind unzählbar. Albit ist z.B. auf den Klüften von Striegau/Polen, im Fichtelgebirge, in den Dolomiten und den Pyrenäen verbreitet; gute Perikline (immer porzellanweiß bis milchig trüb) findet man in Rauris, Salzburger Land, sowie in Tirol/Österreich und in Graubünden/Schweiz. Aufgewachsene Anorthite kommen in Drusen der Eruptivgesteine des Vesuvs/Italien vor. Der bläulich-grünlich schillernde Labradorit ist ein reines Plagioklasgestein, das als Fassaden- und Grabstein weite Verbreitung findet, ebenso der Anorthosit (Labradorit mit Bytownit), der regional riesige Areale bedeckt.

Die Plagioklase verwittern an der Erdoberfläche und werden dabei zu Tonmineralien, eine große, komplexe Gruppe von Schichtsilikaten. Diese stellen die wichtigsten Bestandteile der Böden dar und bilden damit die Grundlage des Lebens.

S. 167 o.: Albit, Dauphiné/Frankreich; 41 x 30 mm
S. 167 u.: Plagioklas (Periklin)
Pfitsch, Tirol/Österreich; 50 x 37 mm

Laumontit $Ca[Al_2Si_4O_{12}] \cdot 4H_2O$

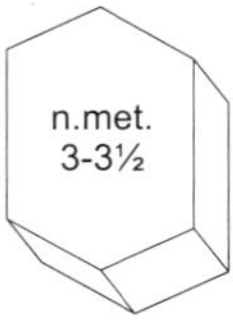

Merkmale: Weiß, gelblich, grau und rötlich weiß; Dichte 2,3-2,4 g/cm³; Spaltbarkeit vollkommen. Kristalle sind prismatisch, stängelig, faserig, radialstrahlig angeordnet, Zwillinge kommen durchaus vor (manchmal schwalbenschwanzähnlich).

Wissenswertes: Laumontit ist ein Glied der Zeolithfamilie (⇨Natrolith) und kommt auf Klüften und in Blasenräumen magmatischer Gesteine und auf manchen Erzgängen vor. Fundpunkte sind Idar-Oberstein/Hunsrück, Herborn-Seelbach/Hessen, Bozen/Italien und Bishop, Kalifornien/USA (bis 30 cm lang). Das Mineral verliert an der Luft sein Kristallwasser, wird matt, trübe und zerfällt, was sich durch Aufbewahren in Wasser verhindern lässt.

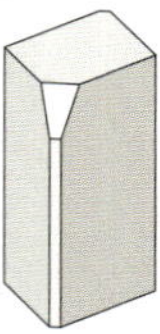

S. 169 o.l.: Laumontit, Südtirol/Italien; 22 x 30 mm

Heulandit $Ca[Al_2Si_7O_{18}] \cdot 6H_2O$

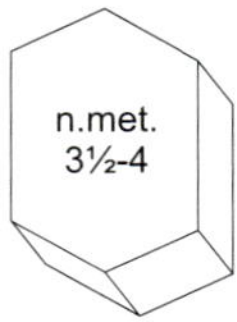

Merkmale: Weiß, grau, gelb, braun oder ziegelrot; Dichte 2,2 g/cm³; Spaltbarkeit vollkommen. Kristalle sind tafelförmig oder gestreckt, meist einzeln aufgewachsen. Aber auch schalige, blättrige und spätige Aggregate kommen vor.

Wissenswertes: Heulandit gehört zu den Zeolithen (⇨Natrolith). Wie auch die anderen Glieder dieser Reihe kommt er meist in Hohlräumen vulkanischer Gesteine und deren Tuffen vor. Fundstellen sind u.a. Idar-Oberstein, St. Andreasberg/Harz und Kongsberg/Norwegen; rote Kristalle kommen vom Fassatal/Italien. Besonders schöne Heulandite gibt es vor allem auf Island, den Färöer Inseln und in Poonah/Indien.

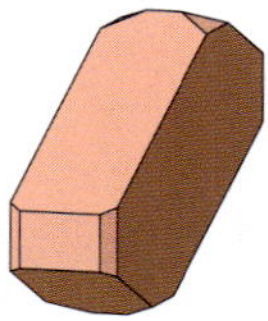

S.169 o.r.: Heulandit, Teigrarhorn/Island; 35 x 48 mm

Natrolith $Na_2[Al_2Si_3O_{10}] \cdot 2H_2O$

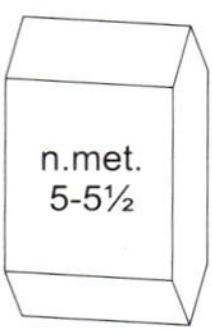

Merkmale: Farblos, weiß, grauweiß, gelblich, rötlich weiß; Dichte 2,2 g/cm³; Spaltbarkeit vollkommen; meist aufgewachsen, langsäulig, dünn, nadel- und haarförmig, büschelig, radialstrahlig, kugelig.

Wissenswertes: Natrolith ist wie Laumontit und Heulandit sowie Chabasit, Stilbit und Harmotom (⇨ S. 170) ein Glied der Zeolith-Familie. Dies sind Silikate mit besonders weitmaschigem Kristallgitter, in das fremde Atome und ganze Moleküle eingelagert werden können. Durch Erhitzen ausgetriebenes Kristallwasser wird ohne Schaden für die Kristallstruktur sofort wieder aufgenommen. Da in die Gitterhohlräume nur Atome oder Moleküle von ganz bestimmter Größe passen, eignen sich die Zeolithe als »Molekular-Siebe«, um zum Beispiel verschiedene Edelgase voneinander zu trennen oder Kohlenwasserstoffe zu »cracken«. Sie können auch Ionen aus hartem Wasser aufnehmen und andere gegen sie austauschen, sind also als Ionentauscher wirksam. In

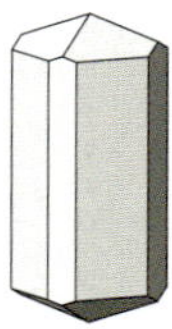

Waschmitteln sind sie umweltschonender Ersatz für die gewässerbelastenden Phosphate; sogar in Kleintiereinstreu sind sie als geruchsabsorbierender Stoff enthalten. Neben den natürlichen Produkten werden heute viele Zeolithe für spezielle technische Anwendungen »nach Maß« hergestellt. Wegen der großen wirtschaftlichen und technischen Bedeutung dieser Mineralien widmet sich ein ganzer Wissenschaftszweig der Zeolithforschung.

Natrolith findet man in Hohlräumen von Basalten und auf hydrothermalen Gängen. Gute Kristalle kommen von Ústí nad Labem (Aussig) und Teplice/Tschechien, Vogelsberg/Hessen, Lubań/Polen, Montecchio Maggiore, Altavilla und Fassatal (rosarot)/Italien. Wunderschöne Stufen gibt es in Poonah/Indien, und riesige Kristalle (bis zu 1 m lang und 10 cm dick) treten in Asbestos/Kanada und auf der Halbinsel Kola auf.

S. 169 u.: Natrolith, Mückenhalm/BRD; 75 x 55 mm

Harmotom $Ba[Al_2Si_6O_{16}]\cdot 6H_2O$

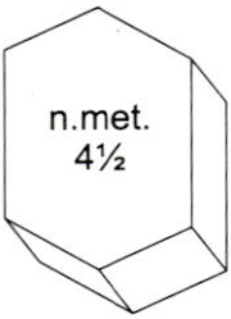

Merkmale: Farblos, milchig trüb, weiß; Dichte 2,4-2,5 g/cm³; Spaltbarkeit undeutlich; nie Einkristalle, sondern immer sehr komplexe Zwillingsstöcke. Besonders typisch sind Durchkreuzungszwillinge von vielen Individuen, die wie Rhombendodekaeder aussehen.

Wissenswertes: Harmotom ist ein Glied der Zeolith-Familie (⇨Natrolith, S. 168), das aber nur selten in Basalten, sondern meist in Erzlagerstätten auftritt. Besonders gut ausgebildete Zwillingsstöcke findet man in St. Andreasberg/ Harz und in Kongsberg/Norwegen.

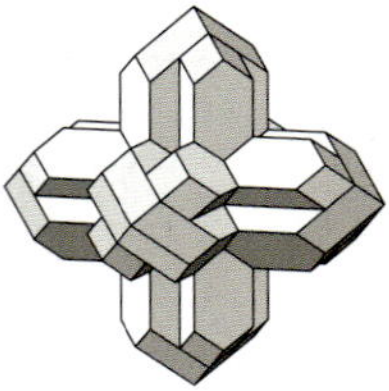

S. 171 o.l.: Harmotom
St. Andreasberg, Harz/BRD; 23 x 33 mm

Stilbit, Desmin $Ca[Al_2Si_7O_{18}]\cdot 7H_2O$

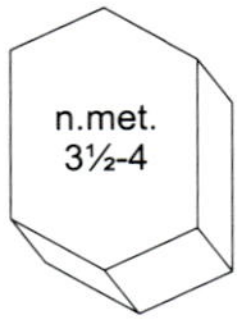

Merkmale: Farblos, weiß, grau, gelblich, honigbraun, braunrot; Dichte 2,1-2,2 g/cm³; Spaltbarkeit vollkommen; kristallisiert nie in einzelnen Kristallen, sondern stets als Durchkreuzungszwillinge; Aggregate können garbenförmig, radialstrahlig oder kugelig sein.

Wissenswertes: Stilbit ist ein häufiger Zeolith (⇨Natrolith, S. 168). Er kommt hauptsächlich in Hohlräumen von Basalten vor (u.a. in Argyleshire/ Schottland), aber auch auf Klüften in kristallinem Schiefer (Tessin/Schweiz und Bourg-d'Oisans/Frankreich). Häufig und in gut ausgebildeten Kristallen wächst er auf den Erzgängen von St. Andreasberg im Harz.

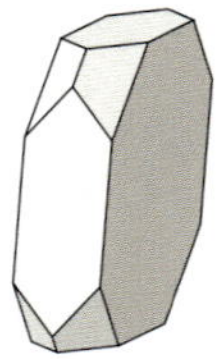

S. 171 o.r.: Stilbit, Orthoklas und Quarz
Strzegom (Striegau)/Polen; 40 x 59 mm

Chabasit $Ca[Al_2Si_4O_{12}]\cdot 6H_2O$

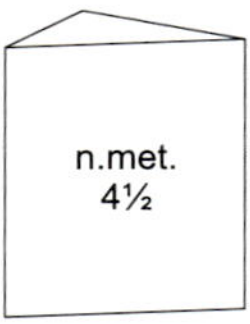

Merkmale: Farblos bis weiß, gelblich, rötlich weiß, fleischrot bis rot; Dichte 2,1 g/cm³; Spaltbarkeit deutlich; kristallisiert in typischen würfelähnlichen, manchmal auch abgeflachten Rhomboedern. Sehr häufig kommen Durchdringungszwillinge mehrerer Individuen vor, wobei die Ecken des einen Individuums nasenartig aus den Flächen des anderen herausragen. Durch Flächenkrümmung linsenförmig erscheinende Kristalle heißen **Phakolith**.

Wissenswertes: Chabasit ist ein Glied der Zeolith-Familie (⇨Natrolith, S. 168) und kommt häufig zusammen mit anderen Zeolithen, Calcit und Quarz in Drusenhohlräumen magmatischer Gesteine vor, aber auch auf Klüften von metamorphen Schiefern und kristallinen Kalken. Die feinkörnigen Chabasit-Absätze der Thermalquellen von Plombières, Vogesen/Frankreich sind Neubildungen bei niedriger Temperatur. Klassische Vorkommen befinden sich in den Porphyriten von Idar-Oberstein im Hunsrück, wo in Drusen neben

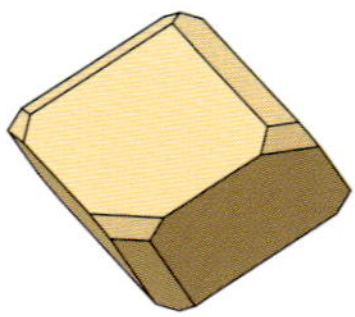

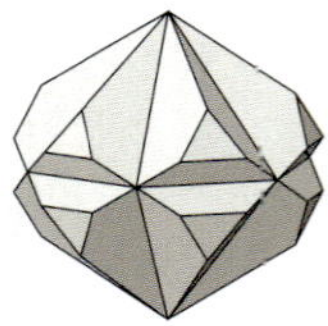

Amethyst und Calcit prachtvolle Kristalle gefunden wurden. Weitere bekannte Fundstellen befinden sich in den Basalten des Vogelsbergs (besonders bei Nidda), in Quarzgeoden auf Rauchquarz bei Freisen/Saarland, im Granit von Strzegom (Striegau)/Polen sowie in Baveno und auf Elba/Italien. Von Richmond bei Melbourne/Australien kommen sehr schöne, große Phakolith-Kristalle. Als Neubildung hat man Chabasit im Beton von römischen Wasserleitungen gefunden. Ein Teil des Calciums im Chabasit kann durch Natrium und Kalium ersetzt werden.

S. 171 u.l.: Chabasit, Färöer/Dänemark; 60 x 90 mm
S. 171 u.r.: Chabasit
Paraborough, Nova Scotia/Kanada; 19 x 28 mm

Bestimmungstabellen: *Metallisch glänzende Mineralien*

Name/Seite	Härte	Farbe	Strich
Covellin 38	1 1/2-2	stahlblau bis schwarz, Anlauffarben	bläulich schwarz bis schwarz
Kupfer 20	2 1/2-3	rotbraun, schwarz anlaufend, grün überkrustet	rotbraun
Gold 16	2 1/2-3	goldgelb, silberreich: hellgelb	goldgelb glänzend
Bornit 28	3	bronzegelb bis -braun, typische Anlauffarben: violett, blau, rot	schwarz
Argento-pyrit 30	3-4	stahlgrau bis goldbraun	schwarz
Millerit 38	3 1/2	messinggelb, matt, schwärzlich	grünlich schwarz
Chalkopyrit 34	3 1/2-4	messinggelb, grünlicher Stich	grünlich schwarz, schwarz
Pyrrhotin 38	4	bronzegelb, bronzebraun	grau, schwarz
Markasit 44	6-6 1/2	speisgelb, grünlich	schwarz, grünlicher Stich
Pyrit 42	6-6 1/2	messinggelb, braune Anlauffarben	grünlich schwarz, schwarz
Graphit 24	1	stahlgrau, eisenschwarz	grau bis schwarz
Molybdänit 46	1-1 1/2	bleigrau, Stich ins Blaue	bleigrau, dünn: lauchgrün
Sylvanit 40	1 1/2-2	stahlgrau, silberweiß, lichtgelb	grau, gelblich grau
Antimonit 40	2	bleigrau, Anlauffarben	bleigrau
Stephanit 50	2-2 1/2	bleigrau, eisenschwarz	schwarz
Argentit 28	2-2 1/2	schwarz, eisengrau	dunkelgrau
Proustit 48	2-2 1/2	leuchtend rot bis bleigrau, durch Licht dunkler	rot, zinnoberrot
Pyrargyrit 48	2-2 1/2	rotgrau, grauschwarz	dunkelrot, blaurot
Silber 18	2 1/2-3	silberweiß	silberweiß
Galenit 36	2 1/2-3	bleigrau	grauschwarz
Bournonit 50	2 1/2-3	stahlgrau, bleigrau, eisenschwarz	grau
Boulangerit 52	2 1/2-3	bleigrau	schwarz bis bräunlich

Spaltbarkeit; Bruch	Symmetrie; Morphologie	Ähnliche Mineralien
vollkommen	hexagonal; tafelig, blättrig, derb, Anflüge	
keine; hakig, hämmerbar	kubisch; derb, skelettartig, Bleche	
keine; hakig, hämmerbar	kubisch; Bleche, Drähte, dendritisch, körnig	Pyrit, Chalkopyrit
undeutlich; muschelig	tetragonal; derb, körnig, dicht, Überzüge, Imprägnationen	
keine	rhombisch; dünntafelig, kurzsäulig, blättrig, büschelig	Pyrrhotin
vollkommen	trigonal; büschelig, nadelig, radialstrahlig, haarig	
undeutlich	tetragonal; derb, körnig, dicht, Zwillinge	Pyrit, Pyrrhotin, Gold
gut; muschelig, uneben	hexagonal; grobblättrig, rosettenartig, schalig, körnig	Pentlandit, Bornit, Argentopyrit
deutlich; muschelig, uneben	rhombisch; radial, faserig, hahnenkamm-artig, nierig, knollig	Pyrit
undeutlich; muschelig	kubisch; derb, körnig, radialstrahlig, nierig, knollig	Markasit, Arsenopyrit
vollkommen	hexagonal; derb, blättrig, schuppig, radialstrahlig, erdig	Molybdänit
vollkommen	hexagonal; blättrig, schuppig, dicht, gebogen	Graphit
vollkommen	monoklin; hieroglyphenartig, tafelig, blättrig, skelettartig	
vollkommen	rhombisch; stängelig, radialstrahlig, büschelig	
undeutlich; muschelig	rhombisch; Rosetten, derb, eingesprengt, Anflüge	Argentit, Chalkosin
undeutlich; muschelig	kubisch; dendritisch, zahnig haarförmig, derb	Chalkosin, Stephanit
deutlich; muschelig-splittrig	trigonal; säulig, spießig, pyramidal, Zwillinge, derb	Cinnabarit, Cuprit, Pyrargyrit
deutlich; muschelig-splittrig	trigonal; spießig, säulig, pyramidal	Proustit, Cuprit, Cinnabarit
keine; hakig, hämmerbar	kubisch; Bleche, Drähte, Locken, Skelette	
vollkommen	kubisch; körnig, spätig, Zwillinge	Antimonit, Molybdänit, Ullmannit
undeutlich; muschelig	rhombisch; Zwillinge, säulig, körnig, zahnradähnlich	Boulangerit, Fahlerz
gut	monoklin; nadelig, faserig, federartig	Bournonit, Antimonit

Name/Seite	Härte	Farbe	Strich
Chalkosin 28	2½-3	schwarzgrau, bleigrau	dunkelgrau
Landsbergit 20	3	silbergrau	grau
Arsen 20	3½	bleigrau	schwarz
Cuprit 64	3½-4	rot bis metallisch grau	bräunlich rot
Dyskrasit 28	3½-4	silberweiß, Anlauffarben	grau
Fahlerz 34	3½-4½	stahlgrau, eisenschwarz	grauschwarz
Manganit 80	4	schwarz, braunschwarz	dunkelbraun, rotbraun
Eisen 22	4-5	stahlgrau, eisenschwarz	grau
Cobaltit 44	5-5½	stahlgrau, silberweiß	grauschwarz
Ullmannit 46	5½	bleigrau, zinnweiß	grauschwarz
Arsenopyrit 46	5½	silberweiß, zinngrau	schwarz
Skutterudit 48	5½-6	stahlgrau, zinnweiß	grauschwarz
Magnetit 66	5½-6	schwarz, eisenschwarz	schwarz
Hämatit 70	5½-6½	stahlgrau, rotbraun, dunkelrot	blutrot, braunrot
Pyrolusit 80	6½ oder niedriger	grauweiß, schwarz, silbergrau	schwarz
Wolframit 82	5-5½	braunschwarz, braunrot	schwarzbraun, rotbraun
Chromit 68	5½	schwarz, braunschwarz	braun
Ilmenit 68	5-6	eisenschwarz, stahlgrau	schwarz, bräunlich

Nichtmetallisch glänzende Mineralien mit farbigem Strich

Name/Seite	Härte	Glanz	Farbe	Strich
Manganit 80	4	halbmetallischer Glanz	braunschwarz	dunkelbraun, rotbraun
Hauerit 44	4	halbmetallischer Glanz	rotbraun, braunschwarz	rotbraun, braunrot
Goethit 84	5-5½	Diamantglanz, Seidenglanz	braun, gelbbraun, schwarzbraun	braun, braungelb, gelb
Kermesit 40	1	Diamantglanz	rot	rot, braunrot

Spaltbarkeit; Bruch	Symmetrie; Morphologie	Ähnliche Mineralien
undeutlich; muschelig	monoklin; körnig, Anflüge, Überzüge	Argentit, Bournonit, Fahlerz
keine; muschelig	kubisch; körnig, plattig	
vollkommen	trigonal; krummschalig, nierig, derb	
deutlich; muschelig, uneben	kubisch; derb, körnig, dicht, nadelig, büschelig	Proustit, Pyrargyrit, Cinnabarit, Hämatit
deutlich	rhombisch; derb, eingesprengt, spätig	Silber
undeutlich	kubisch; derb, eingesprengt, körnig, dicht	Bournonit
vollkommen	monoklin; stängelig, radialstrahlig, pyramidal	Pyrolusit
keine; hakig, hämmerbar	kubisch; derb, körnig, eingesprengt, in Meteoriten	
vollkommen; muschelig, uneben	kubisch; derb, körnig, spätig	
vollkommen	kubisch; körnig, spätig, derb	Galenit
deutlich; uneben	monoklin; strahlig, faserig, nierig, körnig	Pyrit, Markasit
deutlich; muschelig, uneben	kubisch; derb, körnig, nierig	Cobaltit, Ullmannit, Arsenopyrit
gut; muschelig	kubisch; derb, körnig, dicht, massig	Chromit
keine; muschelig	trigonal; Rosetten, derb, feinkörnig, blättrig, schuppig, strahlig	Ilmenit, Magnetit, Chromit, Wolframit
deutlich	tetragonal; strahlig, erdig, locker	Manganit
vollkommen	monoklin; tafelig, strahlig, körnig, blättrig	Cassiterit
keine; uneben	kubisch; körnig, eingesprengt, derb	Magnetit
keine	trigonal; derb, körnig, Rosetten	Magnetit, Hämatit

Spaltbarkeit; Bruch	Symmetrie; Morphologie	Ähnliche Mineralien
vollkommen	monoklin; stängelig,radialstrahlig prismatisch	Pyrolusit
vollkommen; muschelig, uneben	kubisch; körnig, kugelig, stängelig	
vollkommen	rhombisch; faserig, krustig,strahlig, samtartig, glaskopfartig	
vollkommen	triklin; büschelig, radialfaserig, wirrfaserig	

Name/Seite	Härte	Glanz	Farbe	Strich
Cinnabarit 30	2-2$^1/_2$	Metallglanz, halbmetallischer Glanz	zinnoberrot, braunrot	zinnoberrot
Proustit 50	2-2$^1/_2$	Diamantglanz	zinnoberrot	rot, zinnoberrot
Pyrargyrit 48	2-2$^1/_2$	Diamantglanz, halbmetallischer Glanz	rotgrau, grauschwarz	dunkelrot, blaurot
Erythrin 120	2$^1/_2$	Perlmuttglanz, Glasglanz	rosa, rot, grau	blassrot
Cuprit 64	3$^1/_2$-4	halbmetallischer Glanz, Diamantglanz	rot bis metallisch grau	braunrot
Hämatit 70	5$^1/_2$-6$^1/_2$	halbmetallischer Glanz	dunkelrot, stahlgrau, eisenschwarz, rotbraun	blutrot, braunrot
Realgar 52	1$^1/_2$-2	Harzglanz, Fettglanz	rot, rotorange	orangegelb
Auripigment 52	1$^1/_2$-2	Perlmuttglanz, Fettglanz	zitronengelb, orangegelb	zitronengelb, orangegelb
Autunit 128	2-2$^1/_2$	Perlmuttglanz, Glasglanz	schwefelgelb, gelbgrün	gelblich, grünlich
Uranophan 142	2-3	Seidenglanz, Diamantglanz	hell- bis sattgelb	blassgelb
Krokoit 110	2$^1/_2$-3	Fettglanz, Diamantglanz	gelbrot, orange	orangegelb
Beraunit 122	3-4	Perlmuttglanz, Glasglanz	rot, rotbraun, Anlauffarben	gelb
Kakoxen 122	3-4	Seidenglanz	gelb, ockergelb, braun, orange, grünlich	strohgelb
Strengit 118	3-4	Glasglanz	violett, rot, weiß, farblos	gelblich weiß
Sphalerit 32	3$^1/_2$-4	halbmet. Glanz, Fettglanz	gelb, braun, rot, schwarz	gelblich weiß, gelb, braungelb
Wurtzit 30	3$^1/_2$-4$^1/_2$	Diamantglanz, halbmet. Glanz	braun, gelb	braungelb
Lepidokrokit 84	5	Diamantglanz, halbmet. Glanz	rubinrot, gelbrot, dunkelrot, rotbraun	braungelb, orangebraun
Goethit 84	5-5$^1/_2$	Diamantglanz, Seiden-glanz, halbmet. Glanz	gelb, braun, schwarzbraun	gelb, braungelb, braun
Chalkophyllit 126	2	Perlmuttglanz, Glasglanz	smaragdgrün, blaugrün	blassgrün
Torbernit 128	2-2$^1/_2$	Perlmuttglanz, Glasglanz	smaragdgrün, grasgrün	blassgrün
Lirokonit 126	2-2$^1/_2$	Glasglanz, Fettglanz	grün, himmelblau	hellgrün, lichtblau
Annabergit 120	2$^1/_2$	Glasglanz	grün, grünweiß, weiß	blassgrün
Caledonit 106	2$^1/_2$-3	Glasglanz, Fettglanz	dunkelgrün, blaugrün, blau	grünlich, bläulich, weiß

Spaltbarkeit; Bruch	Symmetrie; Morphologie	Ähnliche Mineralien
vollkommen	trigonal; derb, körnig, dicht, erdig, Zwillinge	Proustit, Pyrargyrit, Cuprit
deutlich; muschelig, splittrig	trigonal; säulig, spießig, pyramidal	Pyrargyrit, Cuprit, Cinnabarit
deutlich; muschelig, splittrig	trigonal; spießig, säulig, pyramidal	Proustit, Cuprit, Cinnnabarit
vollkommen	monoklin; nadelig, haarig, Ausblühungen	
deutlich	kubisch; körnig, dicht, nadelig, haarig, büschelig, derb	Proustit, Pyrargyrit Cinnabarit, Hämatit
keine	trigonal; schuppig, blättrig, dicht, Rosetten	Magnetit, Cinnabarit, Cuprit
undeutlich; muschelig, splittrig	monoklin; eingesprengt, derb, dicht, körnig	Cinnabarit, Proustit, Krokoit
vollkommen	monoklin; tafelig, blättrig, radialstrahlig	
vollkommen	tetragonal; blättrig, schuppig, erdig, krustig	Chalkophyllit
vollkommen	monoklin; faserig, filzig, büschelig	
vollkommen	monoklin; prismatisch, säulig, nadelig	Realgar, Cinnabarit, Wulfenit
deutlich	monoklin; tafelig, büschelig, radialstrahlig	
nicht bestimmbar	hexagonal; faserig, kugelig, nierig, haarig	
vollkommen	rhombisch; prismatisch, radialstrahlig	Baryt
vollkommen	kubisch; spätig, faserig, krustig, schalig, gebändert	Tetraedrit, Cassiterit,Wurtzit
deutlich	hexagonal; faserig, krustig, schalig, Zwillinge	Sphalerit
vollkommen	rhombisch; tafelig, Rosetten, locker, pulverig, schuppig, traubig, faserig	
vollkommen	rhombisch; nadelig, strahlig, samtartig, faserig, glaskopfartig	
vollkommen	trigonal; blättrig, Rosetten, tafelig	
vollkommen	tetragonal; tafelig, schuppig, Rosetten, blättrig	Autunit
undeutlich	monoklin; linsenförmig, kurzsäulig, eingesprengt, derb	
gut	monoklin; pulverig, erdig, nadelig, schuppig	
deutlich	rhombisch; gestreckt, prismatisch, nadelig, büschelig	

Name/Seite	Härte	Glanz	Farbe	Strich
Olivenit 114	3	Glasglanz	olivgrün, schwarzgrün, braun, farblos	olivgrün, gelb
Chrysokoll 142	2-4	Glasglanz	grünblau	blassgrün, blaugrün, blau
Agardit 126	3-4	Glasglanz	blaugrün	grün
Malachit 100	3½-4	Fettglanz, Seidenglanz	smaragdgrün, blaugrün, schwarzgrün	hellgrün
Pseudomalachit 114	4-5	Fettglanz, Glasglanz	smaragdgrün, schwarzgrün	dunkelgrün, grün
Konichalcit 118	4½	Glasglanz	pistaziengrün, smaragdgrün	grün
Uraninit 82	4-6	Fettglanz, halbmet. Glanz	schwarz, grünschwarz	dunkelgrün
Ilvait 148	5½-6	halbmet. Glanz, Fettglanz	schwarz, grünschwarz	dunkelgrün
Cyanotrichit 106	entfällt	Seidenglanz	himmelblau, azurblau	hellblau
Vivianit 120	2	Perlmuttglanz, Glasglanz	farblos, blau, violett, grün, schwarz	farblos, weißblau
Linarit 106	2½	Glasglanz	blau, dunkelblau	blassbau
Azurit 100	3½-4	Glasglanz	blau, dunkelblau, lasurblau	blau

Nichtmetallisch glänzende Mineralien mit farblosem Strich

Name/Seite	Härte	Glanz	Farbe
Talk 156	1	Perlmuttglanz, Fettglanz	weiß, grünweiß, grün, gelbweiß, rötlich bis braun
Struvit 126	1½-2	Glasglanz, matt	gelblich, bräunlich, farblos
Gips 108	1½-2	Glasglanz, Seidenglanz, Perlmuttglanz	farblos, weiß, rot, gelb, braun, schwarz
Schwefel 22	1½-2	Diamantglanz, Harzglanz, Fettglanz	schwefelgelb, gelb, honiggelb, wachsgelb
Pharmakolith 122	2	Seidenglanz, matt	weiß, grau, rosa, grünlich
Aurichalcit 100	2	Seidenglanz, Perlmuttglanz	grün, blaugrün, himmelblau
Vivianit 120	2	Perlmuttglanz, Glasglanz	farblos, blau, violett, grün, schwarz
Halit 56	2	Glasglanz	farblos, gelblich, rötlich, orange, grau, blau, violett
Sylvin 58	2	Glasglanz, Fettglanz	glasklar, milchig trüb, grau, rötlich, gelblich, blau
Muskovit 158	2-2½	Perlmuttglanz	farblos, silberweiß, gelblich, grünlich, rötlich

Spaltbarkeit; Bruch	Symmetrie; Morphologie	Ähnliche Mineralien
undeutlich; muschelig	rhombisch; nierig, erdig, traubig	
keine; muschelig	amorph, kryptokristallin; nierig, traubig, stalaktitisch, krustig	
keine	hexagonal; faserig, nadelig, büschelig	
gut	monoklin; büschelig, faserig, Überzüge, Anflüge	Pseudomalachit
gut	monoklin; nierig-traubig, faserig, strahlig	Malachit
keine	rhombisch; prismatisch, radialstrahlig, nierig-traubig	
deutlich, wenn frisch	kubisch; derb, dicht, nierig-traubig, schalig	
deutlich	rhombisch; stängelig, strahlig, faserig, säulig	Turmalin, Amphibol
nicht bestimmbar	rhombisch; faserig, nadelig, radialstrahlig	
vollkommen	monoklin; faserig, strahlig, kugelig, erdig	
vollkommen	monoklin; strahlig, faserig, krustig, pulverig	Azurit
vollkommen; muschelig	monoklin; kugelig, strahlig, nierig-traubig, erdig	Linarit

Spaltbarkeit; Bruch	Symmetrie, Morphologie	Ähnliche Mineralien
vollkommen	monoklin; blättrig, schuppig, dicht	Muskovit
vollkommen	rhombisch; pyramidal, tafelig, mehlig, zersetzt	
vollkommen	monoklin; strahlig, spätig, körnig, faserig, schuppig	Muskovit
undeutlich; muschelig	rhombisch; derb, körnig, faserig, nierig, erdig	
vollkommen	monoklin; nadelig, haarig, faserig, seidig	
vollkommen	rhombisch; nadelig, blättrig, Rosetten	
vollkommen	monoklin; strahlig, faserig, knollig, erdig, pulverig	
vollkommen; muschelig	kubisch; körnig, spätig, dicht, parallelfaserig	Sylvin, Anhydrit
vollkommen	kubisch; grobkörnig, feinkörnig, spätig, dicht	Halit, Anhydrit
vollkommen	monoklin; blättrig, schuppig, dicht	Phlogopit, Brucit

Name/Seite	Härte	Glanz	Farbe
Phlogopit, Biotit 158	2½	Perlmuttglanz	braun, rotbraun, dunkelbraun, gelblich, grün, farblos
Brucit 82	2½	Glasglanz, Perlmuttglanz	farblos, graublau, grünlich weiß, braun
Chlorit, Pennin, Klinochlor 156	2-3	Perlmuttglanz, matt	grün, blaugrün, gelbgrün, rosa
Kämmererit 156	2-3	Perlmuttglanz, matt	rot, violett
Valentinit 68	2-3	Diamantglanz, Perlmuttglanz	farblos, weiß, gelbgrau, gelbbraun, rötlich
Pachnolith 58	3	Glasglanz	farblos, weiß, weingelb
Kryolith 58	3	Glasglanz	weiß, farblos
Vanadinit 118	3	Fettglanz, Diamantglanz	rötlich braun, orangerot, braungelb
Wulfenit 110	3	Fettglanz, Diamantglanz	gelb, orange, rot, grau, weiß, blau, farblos
Calcit 88	3	Perlmuttglanz, Glasglanz	farblos, weiß, grau, schwarz, grün, gelb
Phosgenit 100	3	Diamantglanz, Fettglanz	weiß, gelb, grau
Anglesit 106	3	Diamantglanz, Fettglanz	farblos, weiß, weißgrau, schwärzlich, rot, bläulich
Baryt 104	3-3½	Perlmuttglanz, Glasglanz	farblos, weiß, grau, gelb, rosa, blau
Coelestin 104	3-3½	Perlmuttglanz, Glasglanz, Fettglanz	weiß, blau, gelblich
Anhydrit 104	3-3½	Perlmuttglanz, Glasglanz	farblos, weiß, bläulich bis violett
Cerussit 98	3-3½	Diamantglanz	weiß, gelbweiß, grau, schwarz, braun
Laumontit 168	3-3½	Glasglanz	weiß, gelb, braungelb, rötlich
Wavellit 124	3-4	Glasglanz, Seidenglanz	grau, weiß, gelb, grünbräunlich, braun, bläulich
Serpentin 156	3-4	schwach glänzend, meist matt	grün, weiß, gelbbraun, schwarz
Huréaulith 124	3½	Glasglanz, Fettglanz	farblos, rot, gelb, braun, rosa
Strontianit 98	3½	Glasglanz, Fettglanz	farblos, weiß, grau, gelblich, grünlich
Witherit 98	3½	Glasglanz, Fettglanz	weiß, grau, gelblich

Spaltbarkeit; Bruch	Symmetrie; Morphologie	Ähnliche Mineralien
vollkommen	monoklin; blättrig, schuppig, dicht	Muskovit, Brucit
vollkommen	trigonal; derb, blättrig, schuppig, feinfaserig	Muskovit, Phlogopit
vollkommen	monoklin; blättrig, schuppig, erdig, pulverig	Biotit, Muskovit
vollkommen	monoklin; blättrig, schuppig, erdig, pulverig	
vollkommen	rhombisch; tafelig, strahlig, stängelig, körnig	
deutlich; uneben, spröde	monoklin; prismatisch, achatartig	
gut	monoklin; pseudokubisch, derb, spätig, grobkörnig	
keine; muschelig	hexagonal; säulig, traubig-nierig, stängelig	Pyromorphit, Mimetesit
deutlich	tetragonal; tafelig, pyramidal, krustig, derb	
vollkommen	trigonal; spätig, parallelfaserig, stalaktitisch, pulverig	
vollkommen; muschelig	tetragonal; pyramidal, massig, körnig	Anglesit, Cerussit
deutlich	rhombisch; derb, körnig, nierig-traubig	Phosgenit, Cerussit
vollkommen	rhombisch; körnig, spätig, dicht, blättrig, Rosetten	Coelestin
vollkommen	rhombisch; plattig, faserig, körnig, spätig	Baryt, Anglesit, Phosgenit
vollkommen	rhombisch; spätig, stängelig, faserig	Halit, Gips
undeutlich; muschelig	rhombisch;büschelig, stängelig, körnig, dicht, erdig	Anglesit, Phosgenit, Baryt
vollkommen	monoklin; stängelig, faserig, erdig	
deutlich	rhombisch; faserig, nadelig, radialstrahlig, kugelig	Variscit, Strengit
vollkommen; faserig	monoklin; blättrig, schuppig, faserig filzig	
deutlich	monoklin; kurzprismatisch, langprismatisch, tafelig, derb, knollig	
deutlich	rhombisch; säulig, faserig, stängelig, büschelig	Aragonit, Calcit, Natrolith
deutlich	rhombisch; strahlig, kugelig, derb, nierig	

Name/Seite	Härte	Glanz	Farbe
Aragonit 96	$3^1/_2$-4	Glasglanz, Fettglanz	farblos, weiß, braun, weingelb, rötlich, grün, grau, schwarz
Dolomit 96	$3^1/_2$-4	Glasglanz, Perlmuttglanz	weißlich, gelblich, braun, rotbraun, schwarz
Ankerit 94	$3^1/_2$-4	Glasglanz, Perlmuttglanz	braun, rotbraun, hellbraun, weiß, grau
Pyromorphit 116	$3^1/_2$-4	Fettglanz, Diamantglanz	grün, braun,orangerot, gelb, weiß, farblos, schwarz
Mimetesit 118	$3^1/_2$-4	Fettglanz, Diamantglanz	gelb, orangegelb, braun, grau, grün, farblos, weiß
Stilbit 170	$3^1/_2$-4	Perlmuttglanz, Glasglanz, Seidenglanz	weiß, gelblich, grau, braunrot, farblos
Heulandit 168	$3^1/_2$-4	Perlmuttglanz, Glasglanz, Seidenglanz	weiß, rot, blassrot, gelblich, grau
Sphalerit 32	$3^1/_2$-4	Diamantglanz, Fettglanz	gelb, braun, schwarz, rot, dunkelgrün
Fluorit 60	4	Glasglanz	gelb, grün, blau, violett, rot, farblos, weiß, grau, braun
Strunzit 122	4	Glasglanz, Seidenglanz	strohgelb, braungelb
Rhodochrosit 94	4-$4^1/_2$	Glasglanz	rosa, rot, grau, braun
Siderit 92	4-$4^1/_2$	Perlmuttglanz, Glasglanz	gelb, braun, grau, schwarz
Magnesit 92	4-$4^1/_2$	Glasglanz	farblos, weiß, gelbweiß, grauweiß, braun, schwärzlich
Variscit 124	4-5	Fettglanz	apfelgrün, blaugrün, farblos
Xenotim 114	4-5	Fettglanz	gelb, braun, rotbraun, rot, grünlich, hellgrau
Chabasit 170	$4^1/_2$	Glasglanz	farblos, weiß, gelblich, rötlich, rot
Harmotom 170	$4^1/_2$	Glasglanz	milchig trüb, weiß, farblos
Apophyllit 154	$4^1/_2$-5	Perlmuttglanz, Glasglanz	weiß, rosa, gelblich, grünlich, bläulich
Scheelit 110	$4^1/_2$-5	Fettglanz, Diamantglanz	grau, gelblich, rötlich, grünlich
Pektolith 148	5	Glasglanz, Seidenglanz	farblos, weiß, grauweiß
Apatit 116	5	Glasglanz, Fettglanz	farblos, weiß, grün, blau, violett, grau, gelb, braun, rosa
Smithsonit 94	5	Glasglanz, Fettglanz	farblos, grau, braun, gelb, grün, blau, rot
Monazit 114	5-$5^1/_2$	Diamantglanz	gelb, dunkelbraun, rotbraun, gelbbraun

Spaltbarkeit; Bruch	Symmetrie; Morphologie	Ähnliche Mineralien
undeutlich	rhombisch; radialstrahlig, parallelfaserig, korallenartig	Calcit
vollkommen	trigonal; sattelförm. Aggr., grobkörnig, feinkörnig, spätig, zuckerkörnig	Calcit, Magnesit, Siderit, Ankerit
vollkommen	trigonal; sattelförm. Aggr., grobkörnig, feinkörnig, spätig, zuckerkörnig	Calcit, Magnesit, Siderit, Dolomit
keine; muschelig, uneben	hexagonal; säulig, tonnenförmig, traubig-nierig, krustig	Mimetesit, Vanadinit
keine; muschelig, uneben	hexagonal; säulig, tonnenförmig, traubig-nierig, krustig	Pyromorphit, Vanadinit
vollkommen	monoklin; tafelig, säulig, garbenförmig, kugelig	andere Zeolithe
vollkommen	monoklin; tafelig, blättrig, schalig, schuppig	andere Zeolithe
vollkommen	kubisch; körnig, derb, faserig, krustig, schalig, gebändert	Tetraedrit, Cassiterit
vollkommen	kubisch; spätig, dicht, stängelig, radialstrahlig, gebändert	
nicht feststellbar	monoklin; faserig, nadelig, strahlig, büschelig	Kakoxen
vollkommen	trigonal; sattelförmige Aggregate, körnig, spätig, traubig, krustig	Ankerit, Rhodonit
vollkommen	trigonal; spätig, radialfaserig, kugelig, nierig	Calcit, Dolomit, Ankerit, Smithsonit
vollkommen	trigonal; spätig, körnig, knollig, nierig	Dolomit
gut	rhombisch; nierig-traubig, radialstrahlig, kugelig	Wavellit
vollkommen	tetragonal; prismatisch, derb, eingesprengt	
deutlich	trigonal; würfelig, Zwillinge	andere Zeolithe
undeutlich	monoklin; meist Durchkreuzungs-zwillinge	andere Zeolithe
vollkommen	tetragonal; blättrig, schuppig, körnig, dicht, chalcedonartig	
deutlich	tetragonal; körnig, derb, krustig	
deutlich	triklin; stängelig, säulig, faserig, kugelig, derb	Zeolithe
deutlich	hexagonal; körnig, dicht, traubig, knollig, nierig	Beryll, Nephelin
vollkommen	trigonal; nierig-traubig, stalaktitisch, chalcedonartig, erdig	
vollkommen	monoklin; tafelig, nadelig	

Name/Seite	Härte	Glanz	Farbe
Natrolith 168	5-5½	Glasglanz, Seidenglanz	weiß, farblos, gelb, bräunlich, rötlich
Titanit 138	5-5½	Diamantglanz, Glasglanz	gelb, gelbgrün, braun, rotbraun, schwarz, grau, rosa
Analcim 160	5½	Glasglanz	rötlich, gelblich, weißlich, grau
Perowskit 82	5½	Diamantglanz, halbmet. Glanz	schwarz, grauschwarz, rötlich braun, gelb
Lapislazuli 162	5-6	Glasglanz, Fettglanz	dunkelblau, grünlich, violett
Nosean 162	5-6	Glasglanz, Fettglanz	blau, dunkelblau, braun, grau
Hauyn 162	5-6	Glasglanz, Fettglanz	blau, grau, grün, weiß
Diopsid 150	5-6	Glasglanz	farblos, weiß, gelb, blau, grün, bräunlich
Augit, Hedenbergit 150	5-6	Glasglanz	schwarz, grünschwarz, braunschwarz, grün
Hornblende, Aktinolith 152	5-6	Glasglanz, Seidenglanz	hellgrün, dunkelgrün, braungrün, schwarz
Tremolit 152	5½-6	Glasglanz, Seidenglanz	weiß, grau, grün
Anatas 80	5½-6	Diamantglanz	blau, schwarz, rot, rotbraun, gelb, farblos
Brookit 80	5½-6	Diamantglanz	braun, gelb, gelbrot, rotbraun, schwarz
Leucit 160	5½-6	Glasglanz, matt	weiß, grau, farblos
Nephelin 160	5½-6	Glasglanz, Fettglanz	weiß, grau, farblos, gelblich, rötlich, grünlich, bläulich
Rhodonit 154	5½-6½	Glasglanz, Perlmuttglanz	rot, blaurot, braunrot
Opal 76	5½-6½	Glasglanz, Wachsglanz	weiß, farblos, braunrot, schwärzlich, milchig trüb
Milarit 148	6	Glasglanz	farblos, hellgrün, gelbgrün
Osumilith 148	6	Glasglanz	dunkelblau bis schwarz
Orthoklas, Sanidin, Mikroklin 164	6-6½	Perlmuttglanz, Glasglanz	farblos, weiß, grau, rötlich, grün, gelblich
Plagioklas 166	6-6½	Perlmuttglanz, Glasglanz	weiß, gelblich, farblos, grünlich, rötlich
Rutil 78	6-6½	Diamantglanz	rot, braunrot, gelblich, schwarz

Spaltbarkeit; Bruch	Symmetrie; Morphologie	Ähnliche Mineralien
vollkommen; muschelig	rhombisch; büschelig, radialstrahlig, kugelig, faserig	andere Zeolithe Aragonit
deutlich	monoklin; tafelig, prismatisch, keilförmig, Zwillinge, körnig, schalig	
undeutlich; muschelig, uneben	kubisch; derb, körnig, dicht, erdig	Leucit, Sodalith
gut	kubisch; derb, körnig, nierig	Magnetit
gut; muschelig	kubisch; dicht, derb	
gut; muschelig	kubisch; körnig	
gut; muschelig	kubisch; körnig	
deutlich	monoklin; säulig, stängelig, derb, körnig	
deutlich	monoklin; stängelig, strahlig, spätig, dicht	
vollkommen	monoklin; stängelig, säulig, strahlig, faserig	Pyroxen, Turmalin, Epidot
vollkommen	monoklin; stängelig, nadelig, faserig, asbestartig	Pektolith, Zoisit
vollkommen	tetragonal; tafelig, säulig	
undeutlich; muschelig	rhombisch; tafelig, säulig	
keine; muschelig	tetragonal; pseudokubisch	Analcim, Sodalith, Granat
gut; muschelig, uneben	hexagonal; säulig, tafelig, körnig	Apatit
vollkommen; muschelig	triklin; tafelig, säulig, spätig, körnig	Rhodochrosit
keine; muschelig	amorph; traubig-nierig, stalaktitisch, krustig	
keine	hexagonal; prismatisch	Beryll
keine	hexagonal; prismatisch, tafelig	
vollkommen	monoklin; leistenförmig, spätig, körnig, dicht, Zwillinge	Plagioklas, Spodumen
vollkommen	triklin; plattig, säulig, krustig, spätig	Orthoklas, Sanidin, Mikroklin
vollkommen	tetragonal; säulig, nadelig, derb, körnig, Zwillinge	Zirkon, Cassiterit

Name/Seite	Härte	Glanz	Farbe
Prehnit 154	6-6 1/2	Glasglanz, Perlmuttglanz	grünlich, gelblich, weiß, farblos
Helvin 162	6-6 1/2	Glasglanz, Fettglanz	gelb, gelbbraun, rotbraun, grün
Vesuvian 142	6 1/2	Glasglanz, Fettglanz	braun, grün, gelb, rotbraun, rot
Zoisit 142	6 1/2	Perlmuttglanz, Glasglanz	hellgrau, gelbgrau, grüngrau, rosa, blauviolett
Zirkon 132	4-7	Glasglanz, Diamantglanz, Fettglanz	gelb, gelbrot, braunrot, gelbgrün, farblos, blau
Kyanit 136	4 1/2, 7 (Härte-Anisotropie)	Perlmuttglanz, Glasglanz	weiß, blau, gelb, grün, bräunlich
Cassiterit 78	6-7	Diamantglanz, Fettglanz	schwarz, braunschwarz, rotbraun, gelblich, grau, farblos
Epidot 140	6-7	Glasglanz	dunkelgrün, schwarzgrün, gelbgrün, hellgelb, rot
Olivin 132	6 1/2-7	Glasglanz, Fettglanz	olivgrün, gelbgrün, schwarzgrün, braun, rotbraun
Axinit 140	6 1/2-7	Glasglanz	nelkenbraun, lichtbraun, violett, rosa, grünlich, grau
Tridymit 76	6 1/2-7	Glasglanz	farblos, weißlich, grau
Granat 134	6 1/2-7	Glasglanz, Fettglanz, Harzglanz	rot, braun, gelb, grünlich gelb, smaragdgrün, schwarz, farblos
Turmalin 146	6 1/2-7	Glasglanz, Fettglanz	farblos und alle anderen Farben
Quarz, Chalcedon, Achat 72-76	7	Glasglanz, Fettglanz	glasklar, farblos, weiß, braun, schwarz, violett, rosa, gelb
Andalusit 136	6-7 1/2	Glasglanz	rötlich, gelblich, weiß, grauweiß, grün
Staurolith 132	7-7 1/2	Glasglanz, Fettglanz	rotbraun, schwarzbraun, schwarz
Beryll 144	7 1/2	Glasglanz	farblos, gelb, grün, blau, rot
Spinell 64	8	Glasglanz	rot, rosa, blau, grün, gelborange, violett, farblos
Topas 130	8	Perlmuttglanz, Glasglanz	farblos, gelb, hellblau, blau, rosa, rot, braun, meergrün, violett
Korund 70	9	Glasglanz	grau, gelblich, grünlich, rot, blau, orange, farblos
Diamant 24	10	Diamantglanz, Fettglanz	klar, farblos, durchsichtig bis trüb gelblich, bläulich

Spaltbarkeit; Bruch	Symmetrie; Morphologie	Ähnliche Mineralien
deutlich	rhombisch; prismatisch, fächerförmig, kugelig	Zeolithe
deutlich	kubisch; tetraedrisch, kugelig, sphärolithisch	
undeutlich; uneben, splittrig	tetragonal; säulig, tafelig, körnig, stängelig, derb	Granat, Epidot
vollkommen	rhombisch; stängelig, faserig, spätig, derb	
gut; muschelig	tetragonal; säulig, pyramidal, körnig, traubig	Granat, Vesuvian, Cassiterit
vollkommen	triklin; strahlig, stängelig, blättrig, derb	
gut	tetragonal; derb, körnig, dicht, Zwillinge	Rutil, Wolframit
vollkommen	monoklin; säulig, stängelig, strahlig, dicht	Aktinolith, Turmalin, Vesuvian
deutlich	rhombisch; körnig, dicht	
deutlich; muschelig	triklin; derb, schalig, stängelig	
undeutlich	hexagonal; tafelig, schuppig, Drillinge	
schlecht; muschelig, splittrig	kubisch; rundliche Kristalle, derb dicht, schalig	
keine; muschelig, uneben, splittrig	trigonal; säulig, nadelig, radialstrahlig	Hornblende, Epidot, Ilvait
keine; muschelig	trigonal; grobkörnig, feinkörnig, massig, dicht	Beryll, Topas, Apatit, Nephelin
deutlich; uneben, spröde	rhombisch; säulig, nadelig, strahlig, körnig	
deutlich; muschelig, uneben, splittrig	monoklin; pseudorhombisch, säulig, Zwillinge	
undeutlich; muschelig, uneben	hexagonal; prismatisch, säulig, stängelig, körnig, derb	Apatit, Korund, Topas
gut; muschelig	kubisch; Zwillinge	Korund
vollkommen; muschelig	rhombisch; säulig, strahlig, stängelig, derb	Quarz, Beryll
keine; teilbar, muschelig, splittrig	trigonal; säulig, tafelig, körnig	Spinell, Beryll
vollkommen; muschelig, spröde	kubisch; meist idiomorph, in Oktaedern	

Register der Mineralien

A. = Ausfaltafel

Nachweis der abgebildeten Mineralien

Mineralogisches Institut der TU Berlin: 21 l.u., 29 l.u., 33 u., 37 l.o., 45 r.o., 81 l.u., 91 u., 93 r.o., 165 u., 167 o. **Mineralogisches Institut der Ruhr-Universität Bochum:** 25 o., 29 l.o., 41 r.o., 53 l.o., 57 l.o., 57 r.o., 69 l.o., 69 u., 71 r.o., 79 l.o., 83 l.o., 93 u., 101 r.u., 105 l.o., 109 u., 115 r.o., 115 l.o., 115 l.u., 143 l.o., 143 l.u., 143 r.u., 147 r.o., 149 r.o., 149 r.u., 151 u., 153 r.o., 155 l.o., 157 l.o., 157 r.o., 159 l.o., 165 l.o. **Mineralogisches Museum im Poppelsdorfer Schloss, Bonn:** 17 l.o., 35 u., 39 u., 43 u., 51 o., 71 l.u., 75 r.o., 81 r.u., 89 u., 163 r.u. **Naturhistorisches Museum Dortmund:** 95 u., 111 u. **Mineralogisches Institut der Universität Gießen:** 45 l.o., 53 r.o., **Mineralogisches Institut der Universität Hamburg:** 2, 17 u., 29 r.u., 35 o., 47 u., 55, 121 l.o., 171 r.o., **Mineralogisches Institut der Universität Heidelberg:** 41 l.o., 59 l.o., 101 l.u., 103, 107 r.u., 111 l.o., 137 l.o., 137 r.o., 157 l.u., 161 r.o., 167 u., **Mineralogisches Museum Kopenhagen:** 27, 37 u., 51 u., 69 r.o., 59 r.o., 91 r.o., 95 l.o., 113, 127 l.u., 133 l.o., 139 l.o., 149 l.u., 153 l.o., 155 r.o., 155 l.u., 169 r.o., 171 l.o., 171 r.u., 171 l.u. **École des Mines, Paris:** 19 u., 21 l.o., 23 u., 25 u., 65 l.o., 85 u., 97 o., 121 u., 129 o., 135 u., 135 l.o., 137 u., 143 r.o. **Naturhistorisches Museum Wien:** 33 o., 41 u., 67 u., 73 r.o., 99 l.o., 119 l.o., 125 u., 133 u., 135 r.o., 139 u., 147 u., 161 u., 169 u. *Private Sammler:* **W. Bartelke:** 156 r.u. **G. Becker:** 145 l.o., 145 r.o. **N. Chatterjee:** 77 r.u. **R. Dietrich:** 83 l.u., 125 r.o. **K. Folie:** 63, 169 l.o. **M. Frangipane:** 43 r.o., **G. Gebhard:** Einband innen, 7 r.o., 11, 19 l.o., 19 r.o., 21 r.u., 29 r.o., 31 r.o., 39 r.o., 47 l.o., 49 r.o., 49 l.o., 49 u., 67 o., 77 l.u., 85 o., 89 l.o., 91 l.o., 95 r.o., 99 r.o., 101 r.o., 107 l.o., 107 l.u., 111 r.o., 115 r.u., 117 r.u., 119 r.u., 125 l.o., 127 l.o., 127 r.u., 151 o., 163 l.o., 163 l.u. **Gundermann:** 155 r.u. **U. Habermalz:** 21 r.o., 53 u., 83 r.o. **K. Hefendehl:** 31 u., 81 l.o. **W. Henkel:** 15, 65 u., 73 u., 79 u., 81 r.o., 83 r.u., 107 r.o., 117 r.o., 117 l.u., 127 r.o., 131, 139, r.o., 141 o., 163 r.o. **H. Kuhlke:** 71 l.o., 75 l.u., 109 o., 159 r.o. **G. Lamprecht:** 39 l.o. **J. Magnusen:** 105 r.o. **O. Medenbach:** 5, 10, 23 l.o., 43 l.o., 47 r.o., 57 u., 59 u., 61 o., 61 u., 65 r.o., 75 l.o., 75 r.u., 79 r.o., 89 r.o., 93 l.o., 97 l.u., 97 r.u., 101 l.o., 117 l.u., 119 r.o., 119 l.u., 121 r.o., 123 r.o., 123 r.u., 129 u., 133 r.o., 153 u., 161 l.o. **A. Müsse:** 37 r.o., 87, 105 u., 141 u., 147 l.o. **E. Pohl:** Einband Klappe, 99 u. **P. Ramdohr:** 31 l.o., 45 u. **G. Schweißfurth:** 17 r.o., Einband Rückseite **K.F. Springer:** 149 l.o. **H. Strunz:** 123 l.u., 265 r.o. **H. Soltau:** Einband Vorderseite **H. Tirler:** 23 r.o., 71 r.u., 77 o., 159 u. **H. Wahl:** 73 l.o. **H. Weber:** 123 l.o. **T. Weinhold:** 145 u.

Bildnachweis

R. Bode: 13.
Alle anderen Fotos und alle Grafiken stammen von **Olaf Medenbach**.

Die Autoren:

Dr. Olaf Medenbach, geboren 1949, ist seit 1976 wissenschaftlicher Mitarbeiter am Institut für Mineralogie der Ruhr-Universität in Bochum, wo er über optische Eigenschaften von Kristallen und die Systematik der Mineralien arbeitet und lehrt. Seit mehr als 30 Jahren beschäftigt er sich darüber hinaus mit der Mineralienfotografie und ist einem breiten Publikum durch seine populärwissenschaftlichen Publikationen bekannt.

Ulrike Medenbach, geboren 1950, ist Wirtschaftsübersetzerin und lebt seit 25 Jahren mit ihrem Mann in Witten. Sie ist selbstständige Unternehmerin und verwaltet unter anderem ein umfangreiches mineralogisch-geologisches Bildarchiv.

Der Herausgeber:

Gunter Steinbach, geboren 1938, lernte Schriftsetzer, studierte Bildende Künste in Hamburg, war ein Jahrzehnt im Verlagswesen tätig und lebt seit 1978 auf seinem Einödhof im Allgäu. Dort widmet er sich praktisch und publizistisch der heimischen Natur.

Glossar

Kristall: Festkörper mit einem hochgeordneten inneren Aufbau aus chemischen Bausteinen, auch Kunstprodukt.

Mineral: chemisch und physikalisch einheitlicher, natürlich entstandener Festkörper, fast immer kristallin. **Varietäten** zeigen besondere Eigenschaften, z.B. eine bestimmte Farbe, und werden oft mit eigenen Namen belegt.

Edelsteine: Mineralien, die sich durch Schönheit, Transparenz, Glanz, Farbe, Härte und Seltenheit auszeichnen. Die Zahl der Mineralien, die als echte Edelsteine gelten, ist sehr gering, solche, die nur z.T. den geforderten Eigenschaften entsprechen, werden als **Halbedel-** oder **Schmucksteine** bezeichnet.

Gestein: Anhäufung vieler einzelner Mineralien zu festen, felsartigen Massen. Man unterscheidet: **Magmatite,** aus Schmelzen auskristallisiert; **Metamorphite,** durch Druck und Temperatur, meist infolge von Versenkung in die Erdtiefe entstanden; **Sedimente,** durch Transport und Ablagerung gebildet.

Begriffe aus der magmatischen Gesteinsbildung:

Frühkristallisation: erste Mineralausscheidungen aus der Gesteinsschmelze bei sehr hohen Temperaturen (ca. 1250-1000° C).

Hauptkristallisation: Bildung der großen Gesteinsmassen (ca. 1100-600° C).

Pegmatitisch-pneumatolytisch: leicht bewegliche Restschmelzen, die in Hohlräumen der Nebengesteine oder im oberen Bereich der magmatischen Gesteinskörper selbst auskristallisieren (ca. 600-350° C).

Metasomatose: pneumatolytische Umwandlung von Nebengesteinen unter intensivem Stoffaustausch.

Hydrothermal: wässrige Restlösungen, die in die Nebengesteine eindringen und dort oft zu Mineralbildungen in Gängen führen (unter ca. 400° C).

Ergussgestein (Vulkanit): aus dem Schmelzfluss nahe der Erdoberfläche gebildet und durch kleine Kristalle gekennzeichnet.

Tiefengestein (Plutonit): in größerer Erdtiefe langsam erstarrt, wodurch die Kristalle zu oft erheblicher Größe anwachsen.

Begriffe aus der Lagerstättenkunde und Mineralbildung:

Druse: rundlicher Hohlraum, dessen Wandung mit Kristallen besetzt ist.

Erz: technisch verwertbare Mineralien, Rohstoffe für viele Produkte.

Evaporite: Gesteine aus Verdunstungsrückständen wässriger Lösungen.

Gang: ehemaliger Hohlraum, ausgefüllt durch jüngere Kristallisationen.

Greisen: typische Gesteine aus dem pneumatolytischen Bildungsbereich (s.o.).

Kluft: durch Gebirgsbewegungen entstandene Hohlräume im Gestein.

Oxidationszone (Eiserner Hut): oberflächennaher Bereich einer Erzlagerstätte.

Seifen: Anreicherungen verwitterungsresistenter Mineralien in Sedimenten.

Zementationszone: Bereich direkt unterhalb der Oxidationszone (s.o.).

STEINBACHS NATURFÜHRER:

Klaus Richarz: **LANDVÖGEL**

Bruno P. Kremer: **BÄUME**

Bruno P. Kremer: **WILDBLUMEN**

H. Bellmann: **SCHMETTERLINGE**

Helmut und Renate Grünert: **PILZE**

O. und U. Medenbach: **MINERALIEN**

Die Reihe wird fortgesetzt

65527 Niedernhausen/Ts./ 5 4 3 2 1

Projektleitung, Bildredaktion, Buchgestaltung und DTP: Gunter Steinbach
Textredaktion: Dr. Helga Hofmann
Umschlaggestaltung: Heinz Kraxenberger
Reproduktionen: Artilitho, Trento
Druck: Alcione, Trento
Bindung: Ecoprint, Lavis, Trento

ISBN 3-576-11479-3

Printed in Italy